对接世界技能大赛技术标准创新系列教材
技工院校一体化课程教学改革电气自动化设备安装与维修专业教材

低压电气控制设备故障诊断与排除教师用书

人力资源社会保障部教材办公室　组织编写

中国劳动社会保障出版社

简介

本套教材为对接世赛标准深化一体化专业课程改革电气自动化设备安装与维修专业教材，学习内容对接世赛电气装置等项目，学习目标融入世赛要求，考核标准对接世赛技能标准，考核评价方法参考世赛评分方案，并设置了世赛知识栏目。

本书为《低压电气控制设备故障诊断与排除》的配套教师用书，在《低压电气控制设备故障诊断与排除》的基础上增加了引导问题的参考答案（教学建议），并给出了学习任务设计方案和教学活动策划表，内容丰富、实用，有助于教师更好地开展一体化教学。

图书在版编目（CIP）数据

低压电气控制设备故障诊断与排除教师用书 / 人力资源社会保障部教材办公室组织编写. -- 北京：中国劳动社会保障出版社，2022

对接世界技能大赛技术标准创新系列教材 技工院校一体化课程教学改革电气自动化设备安装与维修专业教材

ISBN 978-7-5167-5532-7

Ⅰ.①低… Ⅱ.①人… Ⅲ.①低压电器 – 电气控制装置 – 故障诊断 – 技工学校 – 教学参考资料 ②低压电器 – 电气控制装置 – 故障修复 – 技工学校 – 教学参考资料 Ⅳ.①TM52

中国版本图书馆 CIP 数据核字（2022）第 164337 号

中国劳动社会保障出版社出版发行

（北京市惠新东街 1 号 邮政编码：100029）

*

北京市白帆印务有限公司印刷装订 新华书店经销

880 毫米 ×1230 毫米 16 开本 9.5 印张 221 千字

2022 年 9 月第 1 版 2022 年 9 月第 1 次印刷

定价：25.00 元

读者服务部电话：（010）64929211/84209101/64921644

营销中心电话：（010）64962347

出版社网址：http: //www.class.com.cn

http: //jg.class.com.cn

对接世界技能大赛技术标准创新系列教材

本书编审人员

主　　编：朱彦齐

副 主 编：刘日晨　费光彦

参　　编：季海峰　张春芳　葛利军　李祥宾　王　娜　王枫清

审　　稿：边可可

序

世界技能大赛由世界技能组织每两年举办一届，是迄今全球地位最高、规模最大、影响力最广的职业技能竞赛，被誉为“世界技能奥林匹克”。我国于2010年加入世界技能组织，先后参加了五届世界技能大赛，累计取得36金、29银、20铜和58个优胜奖的优异成绩。2019年9月，习近平总书记对我国选手在第45届世界技能大赛上取得佳绩作出重要指示，并强调，劳动者素质对一个国家、一个民族发展至关重要。技术工人队伍是支撑中国制造、中国创造的重要基础，对推动经济高质量发展具有重要作用。要健全技能人才培养、使用、评价、激励制度，大力发展技工教育，大规模开展职业技能培训，加快培养大批高素质劳动者和技术技能人才。要在全社会弘扬精益求精的工匠精神，激励广大青年走技能成才、技能报国之路。

为充分借鉴世界技能大赛先进理念、技术标准和评价体系，突出“高、精、尖、缺”导向，促进技工教育与世界先进标准接轨，完善我国技能人才培养模式，全面提升技能人才培养质量，人力资源社会保障部于2019年4月启动了世界技能大赛成果转化工作。根据成果转化工作方案，成立了由世界技能大赛中国集训基地、一体化课改学校，以及竞赛项目中国技术指导专家、企业专家、出版集团资深编辑组成的对接世界技能大赛技术标准深化专业课程改革工作小组，按照创新开发新专业、升级改造传统专业、深化一体化专业课程改革三种对接转化原则，以专业培养目标对接职业描述、专业课程对接世界技能标准、课程考核与评价对接评分方案等多种操作模式和路径，同时融入健康与安全、绿色与环保及可持续发展理念，开发与世界技能大赛项目对接的专业人才培养方案、教材及配套教学资源。首批对接 19 个世界技能大赛项目共 12 个专业的成果将于 2020—2021 年陆续出版，主要用于技工院校日常专业教学工作中，充分发挥世界技能大赛成果转化对技工院校技能人才的引领示范作用。在总结经验及调研的基础上选择新的对接项目，陆续启动第二批等世界技能大赛成果转化工作。

希望全国技工院校将对接世界技能大赛技术标准创新系列教材，作为深化专业课程建设、创新人才培养模式、提高人才培养质量的重要抓手，进一步推动教学改革，坚持高端引领，促进内涵发展，提升办学质量，为加快培养高水平的技能人才作出新的更大贡献！

2020年11月

电气自动化设备安装与维修专业一体化教学参考书目录（中级阶段）

序号	书名
1	电工基础（第六版）
2	电子技术基础（第六版）
3	机械与电气识图（第四版）
4	机械知识（第六版）
5	电工仪表与测量（第六版）
6	电机与变压器（第六版）
7	安全用电（第六版）
8	电工材料（第五版）
9	电力拖动控制线路与技能训练（第六版）
10	企业供电系统及运行（第六版）
11	电工技能训练（第六版）
12	电子电路基本技能训练

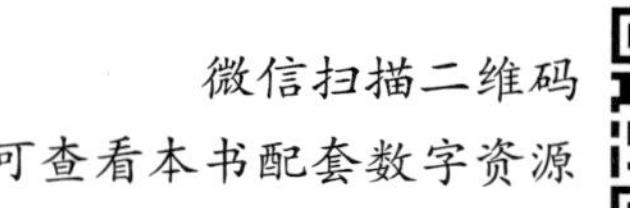

目　　录

学习任务一　电动葫芦故障诊断与排除……（1）
学习活动 1　明确工作任务……（4）
学习活动 2　施工前的准备……（10）
学习活动 3　现场施工……（19）
学习活动 4　工作总结与评价……（25）
世赛知识　世界技能大赛发展史……（28）
学习任务二　CA6140 普通车床故障诊断与排除……（29）
学习活动 1　明确工作任务……（32）
学习活动 2　施工前的准备……（37）
学习活动 3　现场施工……（43）
学习活动 4　工作总结与评价……（50）
世赛知识　我国参赛选手的选拔……（53）
学习任务三　电动卷闸门故障诊断与排除……（54）
学习活动 1　明确工作任务……（57）
学习活动 2　施工前的准备……（61）
学习活动 3　现场施工……（66）
学习活动 4　工作总结与评价……（71）
世赛知识　世界技能大赛项目分类……（74）
学习任务四　降压启动排烟风机故障诊断与排除……（76）
学习活动 1　明确工作任务……（79）
学习活动 2　施工前的准备……（83）
学习活动 3　现场施工……（88）
学习活动 4　工作总结与评价……（93）
世赛知识　中国加入世界技能组织……（96）

学习任务五 M7130 平面磨床故障诊断与排除 …… (97)
学习活动 1 明确工作任务 …… (100)
学习活动 2 施工前的准备 …… (105)
学习活动 3 现场施工 …… (112)
学习活动 4 工作总结与评价 …… (118)
世赛知识 电气装置项目能力要求 …… (121)
附录 …… (123)
附录 1 电动葫芦故障诊断与排除学习任务设计方案 …… (123)
附录 2 电动葫芦故障诊断与排除教学活动策划表 …… (125)
附录 3 CA6140 普通车床故障诊断与排除学习任务设计方案 …… (127)
附录 4 CA6140 普通车床故障诊断与排除教学活动策划表 …… (129)
附录 5 电动卷闸门故障诊断与排除学习任务设计方案 …… (131)
附录 6 电动卷闸门故障诊断与排除教学活动策划表 …… (133)
附录 7 降压启动排烟风机故障诊断与排除学习任务设计方案 …… (135)
附录 8 降压启动排烟风机故障诊断与排除教学活动策划表 …… (137)
附录 9 M7130 平面磨床故障诊断与排除学习任务设计方案 …… (139)
附录 10 M7130 平面磨床故障诊断与排除教学活动策划表 …… (141)

学习任务一　电动葫芦故障诊断与排除

学习目标

1. 能通过设备维修任务单，明确工作内容及工期要求，勘察现场，与客户、设备操作人员等进行有效沟通，了解故障现象，准确获取任务信息。

2. 能查阅设备出厂资料和维修档案，识读电动葫芦电气原理图，熟悉其控制功能和性能指标。

3. 能结合电动葫芦电气控制线路原理图，运用逻辑分析法等方法分析故障范围。

4. 能根据任务需要确定人员分工，列举所需仪表、资料、材料、器材，明确工作安排和安全防护措施，合理制订工作计划并呈报。

5. 能按电业安全工作规程、工艺要求和场地情况，运用适当的方法综合分析故障状况，完成故障诊断与排除。

6. 能按相关技术指标使用仪表对恢复正常的设备进行检测，完成运行测试工作。

7. 能遵循健康和安全标准，遵循规章制度和安全生产程序，设置安全措施，使用适当的个人防护用品；能合理规划工作区域，最大限度地提高效率并保持工作区域的环境卫生。

8. 能规范填写设备维修任务单，交付验收，并归纳总结各类故障状态下电气控制线路维修方法和要点。

9. 能以小组形式，对学习过程和实训成果进行汇报总结，完成对学习过程的综合评价。

40 学时

工作情境描述

某机床厂组装车间的电动葫芦通电后不能正常工作，具体故障现象为提升物体时操作正常，但不能将物体放下。经初步检查，判断为电气控制线路故障。现该项维修任务交由维修班完成，需电气维修人员通过现场勘察，熟悉电动葫芦电气控制线路相关技术资料，准确判断故障原因，并使用正确的方法及时排除故障，使其正常运转。

工作流程与活动

1．明确工作任务（12 学时）

2．施工前的准备（12 学时）

3．现场施工（12 学时）

4．工作总结与评价（4 学时）

学习任务一　电动葫芦故障诊断与排除

- 学习活动1　明确工作任务
  - **阅读和填写设备维修任务单**
    - 认识设备维修任务单各部分内容及作用
    - 填写“报修记录”部分
  - **调查故障及勘察施工现场**
    - 与操作人员及在场人员沟通
    - 初步检查与测试
  - **获取、查阅设备出厂资料和维修档案**
    - 认识电动葫芦的用途和电路原理
    - 认识电动葫芦的主要运动形式及控制要求
- 学习活动2　施工前的准备
  - **学习故障检修的基本方法**
    - 电压法
    - 电阻法
    - 其他方法
  - **识读电动葫芦电路原理图**
    - 电动葫芦主电路分析
    - 电动葫芦控制电路分析
  - **案例分析（用逻辑分析法判断故障范围）**
    - 案例学习
    - 故障分析
  - **制订计划、呈报计划**
- 学习活动3　现场施工
  - **设置安全措施**
  - **排除线路故障**
  - **自检、互检与试车**
  - **工程验收**
    - 小组间交叉验收
    - 填写设备维修任务单
  - **其他故障分析与练习**
    - 故障分析
    - 排除故障练习
    - 自检和互检
  - **评价**
- 学习活动4　工作总结与评价
  - **经验交流**
  - **成果展示**
  - **综合评价**

学习活动 1 明确工作任务

学习目标

1. 能通过设备维修任务单，明确工作内容及工期要求。

2. 能通过勘察现场，与客户、设备操作人员等进行有效沟通，了解故障现象，分析故障范围。

3. 能查阅设备出厂资料和维修档案，识读电动葫芦电气原理图，熟悉其控制功能和性能指标。

建议学时：12 学时

学习过程

一、阅读和填写设备维修任务单

设备维修任务单是施工作业中的基本单据，明确了该项工作的工作内容、时间要求、相关责任人等信息，电工在进行维修作业前，必须读懂任务单，准确获取该项工作的基本信息。任务单的形式多种多样，通过互联网检索或查阅相关资料，了解常见任务单的样式。

认真阅读工作情境描述，查阅相关资料，依据工作情境描述或现场勘察结果，填写设备维修任务单（表 1–1–1）“报修记录”部分。

表 1–1–1　设备维修任务单

<table>
<tr><th colspan="6">报修记录</th></tr>
<tr><td>报修部门</td><td>二车间</td><td>报修人</td><td>×××</td><td>报修时间</td><td>2022 年 3 月 12 日</td></tr>
<tr><td>报修级别</td><td colspan="2">特急☐　急☐　一般☑</td><td>希望完工时间</td><td colspan="2">2022 年 3 月 14 日以前</td></tr>
<tr><td>故障设备</td><td>电动葫芦</td><td>设备编号</td><td>001</td><td>故障时间</td><td>2022 年 3 月 12 日</td></tr>
<tr><td>故障状况</td><td colspan="5">某机床厂组装车间的电动葫芦提升物体时操作正常，但不能将物体放下，经维修班组长初步检查，判断为电气控制线路故障，需要对其电气线路进行检修</td></tr>
</table>

续表

<table>
<tr><th colspan="6">维修记录</th></tr>
<tr><td>接单人及时间</td><td colspan="2"></td><td>预定完工时间</td><td colspan="2"></td></tr>
<tr><td>派工</td><td colspan="5"></td></tr>
<tr><td>故障原因</td><td colspan="5"></td></tr>
<tr><td>维修类别</td><td colspan="5">小修□　　中修□　　大修□</td></tr>
<tr><td>维修情况</td><td colspan="5"></td></tr>
<tr><td>维修起止时间</td><td colspan="2"></td><td>工时总计</td><td colspan="2"></td></tr>
<tr><td>耗材名称</td><td>规格</td><td>数量</td><td>耗材名称</td><td>规格</td><td>数量</td></tr>
<tr><td></td><td></td><td></td><td></td><td></td><td></td></tr>
<tr><td></td><td></td><td></td><td></td><td></td><td></td></tr>
<tr><td></td><td></td><td></td><td></td><td></td><td></td></tr>
<tr><td>维修人员建议</td><td colspan="5"></td></tr>
<tr><th colspan="6">验收记录</th></tr>
<tr><td rowspan="2">验收部门</td><td>维修开始时间</td><td colspan="2"></td><td>完工时间</td><td></td></tr>
<tr><td>维修结果</td><td colspan="4">验收人：　　日期：</td></tr>
<tr><td colspan="2">设备部门</td><td colspan="4">验收人：　　日期：</td></tr>
</table>

1．设备维修任务单中的“报修记录”部分应该由谁进行填写？描述主要内容。

答：使用部门的设备操作员发现故障隐患后，应及时上报主管（班组长、车间主任），由操作班组填写设备维修任务单上“报修记录”部分的内容后交予维修员。

填写的主要内容包括报修部门、报修人、报修时间、报修级别、希望完工时间、故障设备、设备编号、故障时间、故障状况等。

2．简述设备维修任务单中的“故障状况”部分的作用。

答：设备故障状况通过报修途径报告至设备维修部门，先由维修人员根据现场勘察对故障状况进行确认，确定设备故障维修的复杂程度，对故障简单分类后，才能制订维修计划及所需材料。

3．设备维修任务单中的“维修记录”部分应该由谁填写？描述主要内容。

答：设备故障维修结束后，设备维修人员要在设备维修任务单上填写“维修记录”部分的内容。填写的主要内容包括接单人及时间、预定完工时间、派工、故障原因、维修类别、维修情况、维修起止时间、工时总计、耗材等。

4．设备维修任务单中的“验收记录”部分应该由谁填写？描述主要内容。

答：设备故障维修结束后，由维修员及报修人对设备故障维修状况进行确认，对设备进行试运行，确认设备故障是否解除并填写设备维修任务单上“验收记录”部分的内容。

填写的主要内容包括维修开始时间、完工时间、维修结果及验收人签字确认等。

二、调查故障及勘察施工现场

设备维修部门收到设备报修信息后，先要由维修人员对故障状况进行确认，确定设备故障维修的复杂程度，对故障简单分类后，制订维修计划。

故障的现象、原因及产生故障前后设备的运行状态、环境变化等因素是分析判断故障的重要依据，调查清楚这些信息才能为排除故障做好准备。查阅资料，回答下列问题。

1．观察和调查故障现象的手段主要有哪些？

答：观察和调查故障现象的主要手段包括问、看、听、摸、闻。

（1）问：向现场操作人员了解故障发生前后的情况。

（2）看：仔细观察各种电气元件的外观变化情况。

（3）听：主要听有关设备在故障发生前后声音有否差异。

（4）摸：故障发生后，断开电源，用手触摸或轻轻推拉导线及设备的某些部位，从而发现是否有异常变化。

（5）闻：故障出现后，断开电源，将鼻子靠近电动机、自耦变压器、继电器、接触器、绝缘导线等处闻味儿，发现是否能闻到焦煳味。

2．需要与客户和设备操作人员沟通的问题有哪些？

答：需要向客户和设备操作人员了解故障发生前后的情况，如故障发生前设备是否过载、是否频繁启动和停止；故障发生时设备是否有异常声音或振动，是否有冒烟、冒火等现象。

3．在与相关人员沟通后，还应该进行哪些初步检查？

答：（1）仔细查看各种电气元件的外观变化情况，如看触点是否烧熔、氧化，熔断器熔体熔断指示器是否跳出，热继电器是否脱扣，导线和线圈是否烧焦，热继电器整定值是否合适，瞬时动作整定电流是否符合要求等。

（2）听有关设备在故障发生前后声音是否有差异，如电动机启动时是否只“嗡嗡”响而不转，接触器线圈得电后是否噪声很大等。

（3）断开电源，用手触摸或轻轻推拉导线及设备的某些部位，以察觉异常变化，如电动机、自耦变压器和电磁线圈表面的温度是否过高，轻拉导线时连接是否松动，轻推设备活动机构时是否灵活等。

（4）断开电源，将鼻子靠近电动机、自耦变压器、继电器、接触器、绝缘导线等处闻味儿，是否能闻到焦煳味，如有焦煳味，则表明设备绝缘层已被烧坏，主要原因是过载、短路或三相电流严重不平衡等。

4．通电试车也是进行故障调查的重要手段之一，进行该项工作应该满足的前提条件和注意事项是什么？

答：为了使检修工作更具有针对性，可以通过试车观察故障现象，试车的前提是不扩大故障范围（不损伤电气设备和机械设备）。试车时，要求维修人员熟悉电气设备，明确试车步骤，如不明确，必须与操作人员配合进行试车。试车时需要注意观察以下内容。

（1）电动机是否运转，转动时声音是否正常。

（2）控制电动机的接触器、继电器等是否正常工作，电磁线圈吸合声音是否正常。

（3）与故障范围相关的电气控制线路、控制环节都要进行试车。

（4）试车停止切断电源后，还可通过触摸检查电动机、变压器、电磁线圈等是否超过允许的温升，还可通过闻味儿，发现是否有异常气味。

（5）试车前，为避免机床运动部分发生误动作或碰撞等意外情况，可将生产机械与电动机分离或将电动机与电气线路分离，然后再试车。

5．设备在维修中要挂设备检修牌，待修设备要挂待修牌，设备维修好后要及时通知生产部门确认接收。

在设备检修过程中，为保证安全，防止无关人员进入检修区域，以及保证检修人员与周围其他运行设备保持足够的间距，一般会将需要检修的设备与其他设备隔离，留有足够的间距，保证检修工作顺利完成。

在勘察现场情况时，要特别关注这些细节，记录现场情况，为施工做好准备。

三、获取、查阅设备出厂资料和维修档案

1．认识电动葫芦的用途和电路原理

电动葫芦（图 1–1–1）是一种由电力驱动的小型起重机，通过接触器控制两台电动机运行，从而控制吊钩上下左右移动，其电路原理图如图 1–1–2 所示。

> **参考资料**
> **电力拖动控制线路与技能训练（第六版）**
> 第三单元课题 5　20/5 t 桥式起重机电气控制线路

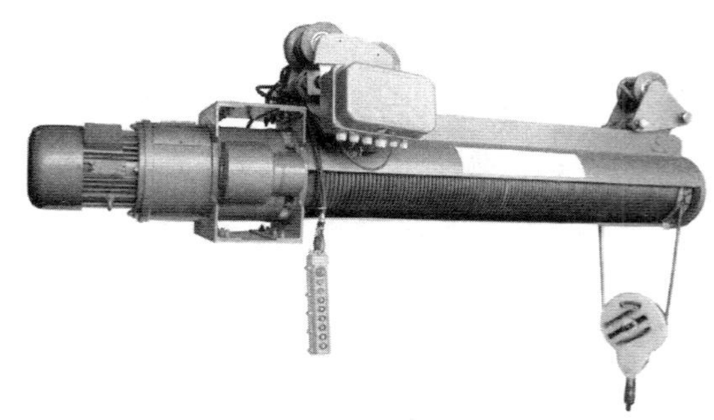

图 1-1-1　电动葫芦

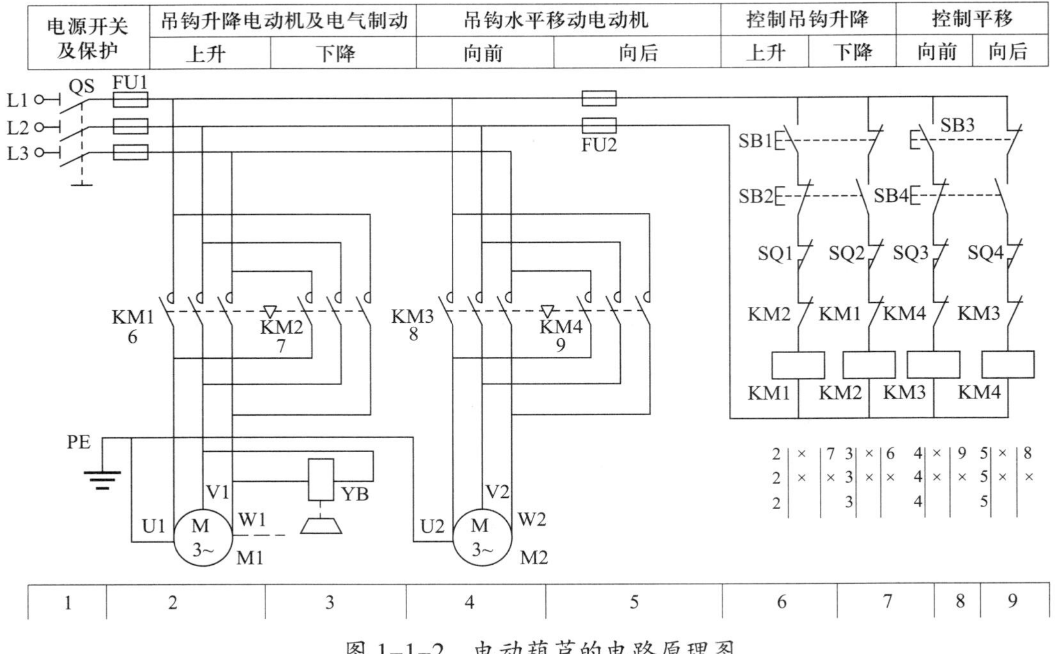

图 1-1-2　电动葫芦的电路原理图

通过查阅设备出厂文件等资料回答以下问题：

（1）电动葫芦的主要用途是什么？它有什么特点？

答：电动葫芦是一种特种起重设备，安装在天车、龙门吊之上，用于起重、提升、牵移、装卸重物，广泛应用于工矿、仓储、码头等企业，其特点是体积小、自重轻、操作简单、使用方便等。

（2）电动葫芦主电路采用什么样的供电方式？其电压为多少？

答：电动葫芦主电路采用三相交流电源供电方式，其电压为 380 V。

（3）控制电路采用什么样的供电方式？其电压为多少？

答：电动葫芦控制电路采用二相电源供电方式，其电压为 380 V。

（4）主电路和控制电路中各供电电路采用了什么保护措施？保护器件是哪个？

答：主电路和控制电路中各供电电路都采用了短路保护措施，保护器件是熔断器。

2．认识电动葫芦的主要运动形式及控制要求

查阅相关资料，了解电动葫芦的主要运动形式及控制要求，将表 1–1–2 补全。

表 1–1–2　电动葫芦的主要运动形式及控制要求

运动形式	控制要求
吊钩的上下移动及水平移动	（1）吊钩的上下移动及水平移动分别由两台三相异步电动机控制。为实现两个不同方向的运动，方便调整吊钩位置，两台电动机均能正反转，采用按钮及接触器双重连锁进行点动控制 （2）向上、向左、向右均有限位保护 （3）为了在重物上升和下降过程中准确定位，吊钩的上下移动电动机采用电磁制动器控制

学习活动 2　施工前的准备

学习目标

1. 能识读电动葫芦电气控制线路原理图，运用逻辑分析法等方法分析故障范围。

2. 能根据任务需要确定人员分工，列举所需仪表、资料、材料、器材，明确工作安排和安全防护措施，合理制订工作计划并呈报。

建议学时：12 学时

学习过程

一、学习故障检修的基本方法

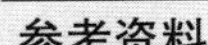

> **参考资料**
> **电力拖动控制线路与技能训练（第六版）**
> 第二单元课题 4　三相笼型异步电动机的连续与点动混合正转控制线路
> 第三单元课题 1　CA6140 型车床电气控制线路

尽管对机床进行日常维护能够降低电气设备故障的发生率，但也不可能杜绝电气故障的发生。因此，电工除掌握日常维护保养技术外，还必须在电气故障发生后能够采用正确的检修步骤和方法，找出故障点并排除故障。

1．图 1–2–1 所示为故障检修的一般步骤，补全空缺的两个步骤。

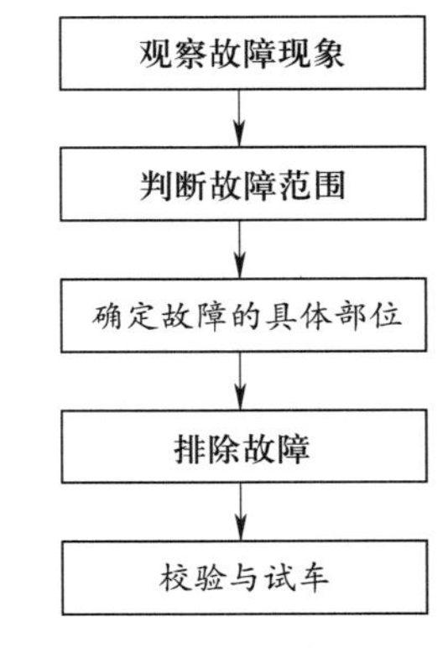

图 1–2–1　故障检修的一般步骤

2．查阅资料，写出判断故障范围的依据。

答：根据故障现象分析故障原因是电气故障检修的关键。分析的依据是基于对电气设备构造、原理、性能的充分理解，是电工电子基本理论与故障实际的结合。某一电气故障产生的原因可能有很多，需要在众多原因中找出最主要的原因。

3．查找故障点的方法有很多种，使用万用表完成的电压法和电阻法是较为常用的两种方法。查阅相关资料，并通过以下两个简单控制线路的排除故障练习，掌握这两种检修方法。

（1）电压法

电压法是在给设备或电路通电的情况下，通过测量关键的电压大小并与正常值比较，从而寻找故障点的方法。

触点闭合时，各电气设备之间的导线上在通电时的电压降接近于零，而用电设备、各类电阻、线圈通电时的电压降等于或接近外接电压。根据这一特点，采用电压法检查电路故障很方便。

例如，正常运行时电气元件线圈应有额定电压值，经测量电压为零，则说明线圈所在回路存在故障。

图 1–2–2 所示是用万用表的电压挡查找故障点的方法示意图，先在 L1、L2 之间接入交流 380 V 电源，再把万用表的转换开关置于交流电压 500 V 挡，然后按图示方法进行测量，测量完毕切断 L1、L2 之间的电源。根据表 1–2–1 所列测量结果将表中空白补全。

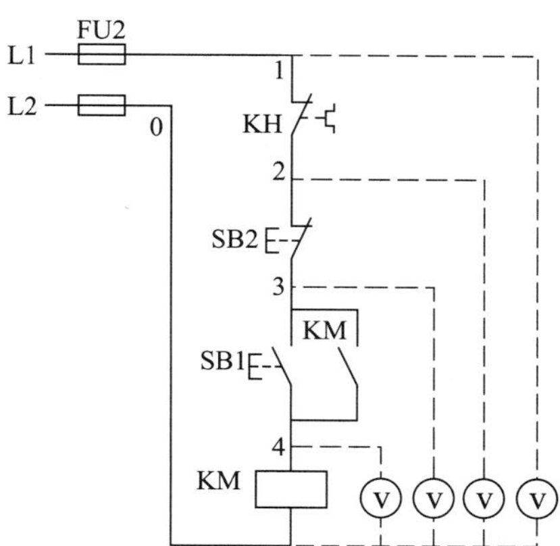

图 1–2–2　用电压法查找故障点

表 1–2–1　用电压法查找故障点

故障现象	测试状态	0–2	0–3	0–4	故障点
按下 SB1 时，KM 不吸合	按下 SB1 不放	0	0	0	KH 常闭触头断路
		380 V	0	0	SB2 常闭触头断路
		380 V	380 V	0	SB1 常开触头断路
		380 V	380 V	380 V	KM 线圈断路

（2）电阻法

电阻法是在电路不通电的情况下通过测量电路中元件的电阻值来判断电路故障的方法。

例如，正常情况下，熔断器两端的电阻值应近似为 0，但测量其两端电阻近似为无穷大，则说明熔断器处于断路状态。

图 1–2–3 所示为用万用表的电阻挡查找故障点的方法示意图。先断开 L1、L2 之间的电源，再把万用表

的转换开关置于倍率适当的电阻挡上，然后逐段测量相邻点 1–2、2–3、3–4（测量时由另一人按下 SB2）、4–5、5–6、6–0 之间的电阻。根据测量结果补全表 1–2–2。

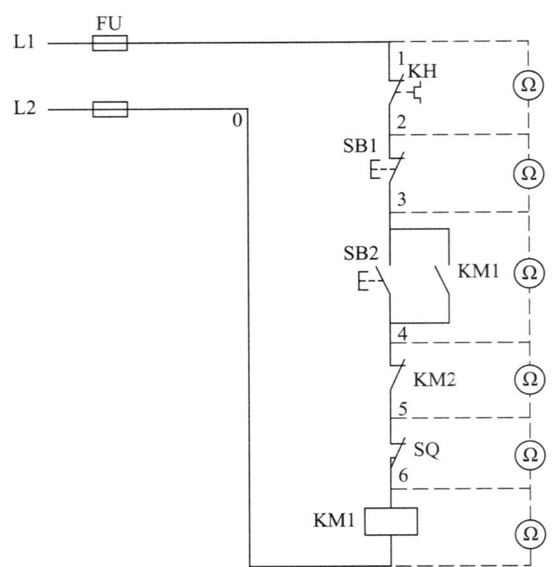

图 1–2–3 用电阻法查找故障点

表 1–2–2 用电阻法查找故障点

故障现象	测试点	电阻值	故障点
按下 SB2 时，KM1 不吸合	1–2	∞	KH 常闭触头断路
	2–3	∞	SB1 常闭触头断路
	3–4	∞	SB2 常开触头断路
	4–5	∞	KM2 常闭触头断路
	5–6	∞	SQ 常闭触头断路
	6–0	∞	KM1 线圈断路

（3）电压法和电阻法在应用场合、操作方法、应用注意事项等方面，各有什么区别?

答：电压法是根据电气设备的供电方式，测量各点的电压值并与正常值进行比较，具体可分为分阶测量法、分段测量法和点测法。电压法准确度高、效率高，但属于带电测量，具有一定的危险性。

电阻法可分为分阶测量法和分段测量法。电阻法是断电测量，所以较为安全，但其测量电阻不准确，特别是寄生电路对测量电阻影响较大时更不准确。

（4）除了以上两种方法外，常用的查找故障点的方法还有直观法、短接法、强迫闭合法、置换元件法、对比法、逐步开路法（或接入法）等。查阅相关资料，简要说明这几种方法。

答：1）直观法。直观法是根据电气故障的外部表现，通过目测、鼻闻、耳听等手段来检查和判断故障的方法。

2）短接法。机床电气设备的常见故障为断路故障，如导线断路、虚连、虚焊、触头接触不良、熔断器熔断等。对于这类故障，除用电压法和电阻法检查外，还有一种更为简便、可靠的方法，就是短接法。检查时，用一根绝缘良好的导线，将所怀疑的断路部位短接，若短接到某处电路接通，则说明该处断路。

3）强迫闭合法。在排除机床电气故障时，经过直观检查后没有找到故障点且没有适当的仪表进行测量时，可用一绝缘棒将有关继电器、接触器、电磁铁等用外力强行按下，使其常开触点或衔铁闭合，然后观察机床电气部分或机械部分出现的各种现象，如电动机从不转到转动，机床相应部分从不动到正常运行等。利用这些外部现象的变化来判断故障点的方法叫作强迫闭合法。

4）置换元件法。某些电气故障原因不易确定或检查时间过长时，为了保证机床的利用率，可置换同一类型性能良好的元器件进行试验，以证实故障是否由此设备引起的。

5）对比法。在检查机床电气设备故障时，总要进行各种方法的测量和检查，把已得到的数据与图纸资料及平时记录的正常参数相比较来判断故障。对无资料又无平时记录的设备，可与同型号的完好设备相比较，来分析并检查故障，这种检查方法叫作对比法。

6）逐步开路法（或接入法）。多支路并联且控制较复杂的电路短路或接地时，一般有明显的外部表现，如冒烟、冒火花等。电动机内部或带有护罩的电路短路、接地时，除熔断器熔断外，不易发现其他外部现象。这种情况可采用逐步开路法检查。

二、识读电动葫芦电路原理图

1．电动葫芦主电路分析

电动葫芦的电路原理图如图 1–1–2 所示，其中主电路图如图 1–2–4 所示。

参考资料
电力拖动控制线路与技能训练（第六版）
第二单元课题 5　三相笼型异步电动机的正反转控制线路

如图 1–2–4 所示，三相电源 L1、L2、L3 通过组合开关 QS 接入。M1 是吊钩升降电动机，用接触器 KM1、KM2 控制它的正反转，用于提起和放下重物；M2 是吊钩水平移动电动机，用接触器 KM3、KM4 控制它的正反转，用于使电动葫芦前后移动。YB 是三相断电型电磁制动器，查阅资料，简述其工作原理。

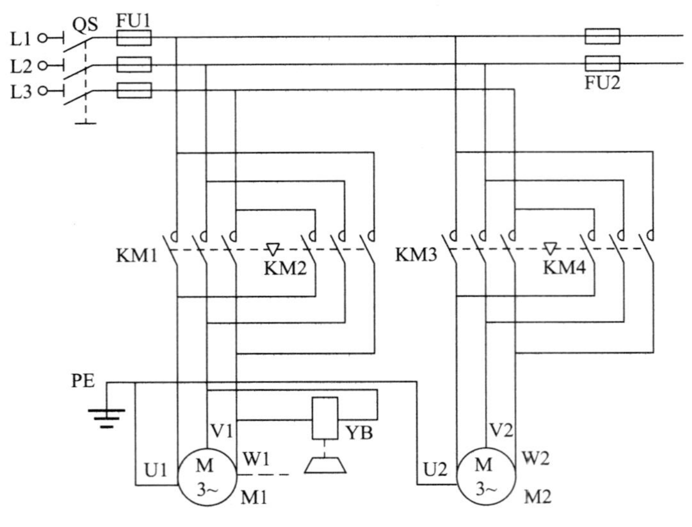

图 1–2–4　电动葫芦主电路图

答：YB 是三相断电型电磁制动器，当其制动电磁阀线圈通电后，其闸瓦与闸轮分开，电动机可以转动，当其制动电磁阀线圈断电后，在弹簧的作用下闸瓦与闸轮压紧，实现电动葫芦的停车制动。

2．电动葫芦控制电路分析

吊钩升降电动机 M1 和吊钩水平移动电动机 M2 的控制电路是按钮及接触器双重连锁正反转控制电路，点动控制。识读图 1–2–5，回答以下问题。

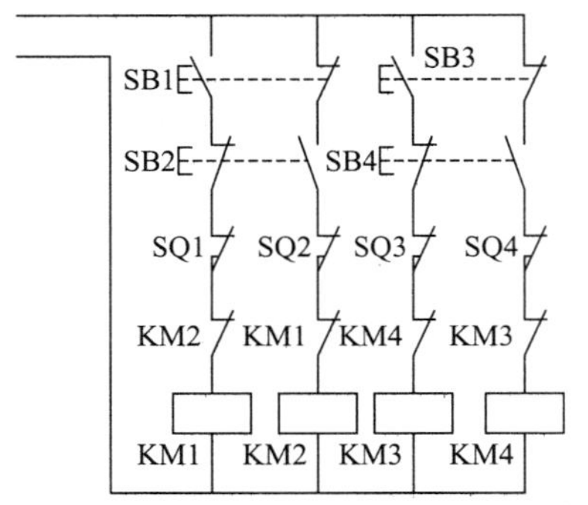

图 1–2–5　吊钩升降电动机控制电路图

（1）简述吊钩升降电动机控制电路的工作原理。

答：合上电源开关 QS，按下按钮 SB1，接触器 KM1 的得电通路为：L1 → QS → FU1 → FU2 → SB1 常开触点（已闭合）→ SB2 常闭触点→ SQ1 常闭触点→ KM2 常闭触点→ KM1 线圈→ FU2 → FU1 → QS → L2，电动机 M1 正转，提起重物。松开按钮 SB1，由于没有采用自锁措施，接触器 KM1 失电，M1 制动停车，停止提升。按下按钮 SB2，则接触器 KM2 得电，电动机 M1 反转，物体被放下。松开按钮 SB2，KM2 失电，M1 制动停车，物体停止向下运动。

在提升重物过程中，重物被提至极限位置而没有及时松开按钮 SB1 时，行程开关 SQ1 被压下，SQ1 常闭触点断开，KM1 失电，重物不再被提升，实现了电动葫芦的上限保护。

（2）简述吊钩水平移动电动机控制电路的工作原理。

答：要使电动葫芦前后移动，则按下按钮 SB3 或 SB4，接触器 KM3 或 KM4 得电，便可实现电动葫芦的前后移动。SQ3 和 SQ4 为电动葫芦前后移动的限位行程开关。

SB1 ~ SB4 为复合按钮，与接触器 KM1 ~ KM4 的常闭触点共同构成控制电路的机械—电气连锁，用以防止接触器 KM1 ~ KM4 同时通电，从而避免主电路发生短路事故。

三、案例分析（用逻辑分析法判断故障范围）

检修简单的电气控制线路时，若采取逐一检查每个电气元件、每根连接导线的方法，也是能够找到故障点的，但遇到复杂线路时，这样不仅需耗费大量的时间，而且也容易漏查。因此，根据电气设备的工作原理和故障现象，采用逻辑分析确定故障可能发生的范围，提高检修的针对性，可达到既准又快的效果。

当故障的可能范围较大时，可在故障范围内的中间环节寻找突破口，进一步判断故障究竟在哪一部分，从而通过逻辑推理，合理缩小故障范围。

【案例 1】

故障现象：按下 SB1 按钮，KM1 线圈不吸合，吊钩升降电动机不启动；按下 SB2 按钮，KM2 线圈不吸合，吊钩升降电动机不启动。

故障检修流程如下。

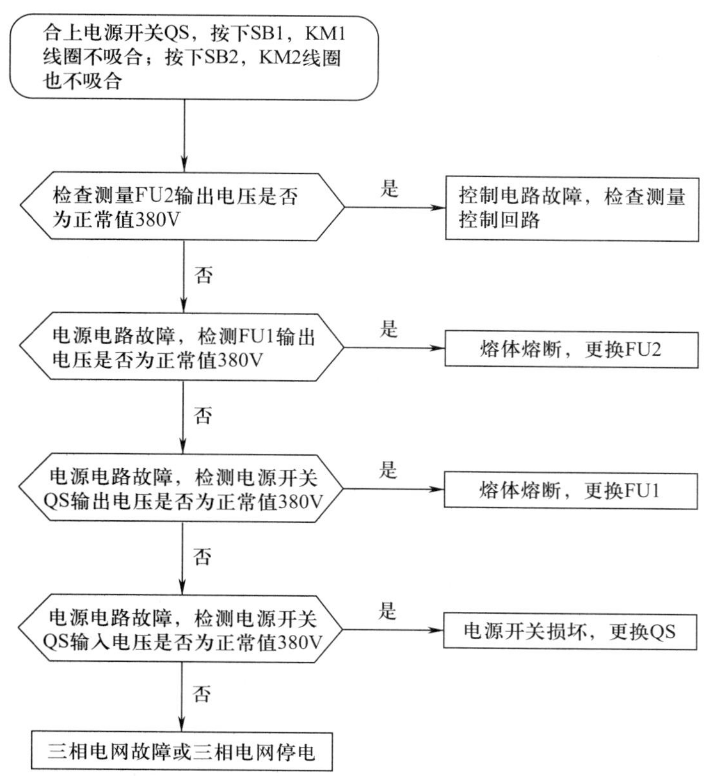

【案例 2】

故障现象：按下 SB1 按钮，KM1 线圈吸合，吊钩升降电动机发出“嗡嗡”响声但不启动。

故障检修流程如下。

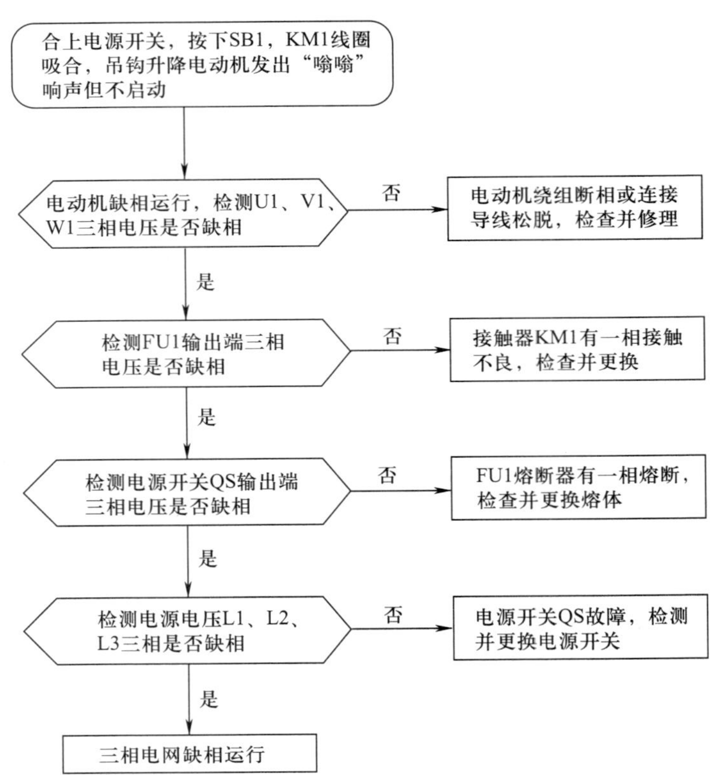

运用逻辑分析法判断故障范围，可避免盲目性，缩短检修时间。接着选用适当的检修方法，根据实际走线路径，依次在故障范围内逐点找出故障点，即可排除故障。

结合现场勘察情况，分析本任务可能的故障原因，以及进一步检查的部位，为制订检修计划和排除故障做好准备。将分析结果填入表 1-2-3。

表 1-2-3　故障分析

故障现象	可能的故障原因	待查部位和检查内容
电动葫芦提升重物操作正常，但不能将重物放下	提升重物操作正常，说明提升电动机 M1 和电磁制动器 YB 的主电路工作正常，问题应出在放下重物操作的控制线路和 KM2 的主触点电路部分	如果按下按钮 SB2 后，接触器 KM2 得电动作，但提升电动机 M1 不转，说明故障为接触器 KM2 的主触点接触不良；如果按下 SB2，KM2 不动作，则故障应为：在 SB1 常闭触点～KM2 线圈之间的通路中有断点，此时逐个检查其中的元器件便可找出故障点

四、制订计划、呈报计划

在检修故障时应该遵循“观察和调查故障现象→分析故障原因→确定故障的具体部位→排除故障→检验试车”的步骤。依此，制订故障检修工作计划并按流程呈报计划书。

“电动葫芦故障诊断与排除”工作计划书

1．人员分工

（1）小组负责人：×××

（2）小组成员及分工

姓名	分工
×××	安全员
×××	材料员
×××	绘图员
×××	施工员

2．工具及材料清单

工具	电工通用工具（1套）、专用工具（如手电钻、压线钳、各种扳手等）				
仪表	兆欧表（500 V）、钳形电流表、万用表				
资料	任务单、出厂资料、维修档案、施工图纸、维修计划模板、维修记录模板、电业安全工作规程、电工手册、电气安装施工规范等资料				
材料	导线、控制器件、保护器件、线槽、线管、绝缘材料、劳保用品、安全警示牌、警戒围栏				
器材	代号	名称	型号	规格	数量
	QS	组合开关	HZ1-25/3		1
	KM1 ~ KM4	交流接触器	CJ1-20B	线圈电压 380 V	4
	FU	熔断器	RL1-60/30	60 A、熔体 30 A	3
	SB1 ~ SB4	按钮开关	LA2		4
	SQ1 ~ SQ4	行程开关	LX5-11		4
	YB	电磁制动器			1

3．工序及工期安排

序号	工作内容	完成时间	备注
1	观察和调查故障现象		
2	分析故障原因		
3	确定故障的具体部位		
4	排除故障		
5	检验试车		

4．安全防护措施

（1）设立专职安全员，团队协作，一人检修一人监护。

（2）遵循健康和安全标准，使用适当的个人防护用品（安全鞋、护目镜等）。

（3）合理规划工作区域，最大限度地提高效率并保持工作区域的环境卫生。

（4）安全使用维修工具和仪器仪表，使用完毕应清理干净，正确存放。

（5）在上电前要确保人身、设备安全，通电测试必须按要求完成每一种功能的检测，以确保设备正确运行，达到功能控制要求。

学习活动3　现 场 施 工

学习目标

1. 能按电业安全工作规程、工艺要求和场地情况，运用观察法、替换法、测量法等多种方法综合分析故障状况，熟练使用测试工具、测量设备诊断故障，并能用正确方法排除故障。

2. 能按相关技术指标使用仪表对恢复正常的设备进行检测，并完成运行测试工作。

3. 能遵循健康和安全标准，遵循规章制度和安全生产程序，设置安全措施、使用适当的个人防护用品；能合理规划工作区域，最大限度地提高效率并保持工作区域的环境卫生。

4. 能规范填写设备维修任务单，交付验收，并归纳总结各类故障状态下电气控制线路维修方法和要点。

建议学时：12 学时

学习过程

一、设置安全措施

1．在检修设备过程中，为保证安全，防止无关人员进入检修区域，以及提醒检修人员与周围其他运行设备保持足够的间距，一般会将需检修设备与其他设备隔离，保留足够的间距，保证检修工作顺利完成。简述本小组在检修前采取的安全措施。

> 参考资料
> **电力拖动控制线路与技能训练（第六版）**
> 第三单元课题 1　CA6140 型车床电气控制线路

答：（1）设立专职安全员，团队协作，一人检修一人监护。

（2）遵循健康和安全标准，使用适当的个人防护用品（安全鞋、护目镜等）。

（3）合理规划工作区域，最大限度地提高效率并保持工作区域的环境卫生。

（4）安全使用维修工具和仪器仪表，使用完毕应清理干净，正确存放。

（5）在上电前要确保人身、设备安全，通电测试必须按要求完成每一种功能的检测，以确保设备正确运行，达到功能控制要求。

2．检修设备时，为防止操作人员不明情况而启动或操作机床，应在床身上悬挂什么标识牌?

答：检修设备时，为防止操作人员不明情况而启动或操作机床，应在机床床身上悬挂标识牌，设备在维修中要挂设备检修牌，待修设备要挂待修牌。

二、排除线路故障

1．根据上一活动中的初步判断，采用适当的检查方法，找出故障点并排除。在排除故障过程中，应严格执行安全操作规范，文明作业、安全作业，注意遵循健康和安全标准、遵循规章制度和安全生产程序，正确使用个人防护用品，并能合理规划工作区域，最大限度地提高效率、保持工作区域的环境卫生。

将测试内容、测试结果、结论和下一步措施记录在表 1–3–1 中。

表 1–3–1　　线路故障排除记录

步骤	测试内容	测试结果	结论和下一步措施
1	按下按钮 SB2	接触器 KM2 不动作	在 SB1 常闭触点～ KM2 线圈之间的通路中有断点或 KM2 线圈烧毁
2	用电压法逐个检查 KM2 线圈及其中元器件触点的两端电压	KM2 线圈两端电压为零，KM1 常闭触点两端电压为 380 V	KM1 常闭触点断路或连接导线脱落
3	用电阻法检查 KM1 常闭触点是否断路或连接导线是否脱落	KM1 常闭触点连接导线脱落	将脱落的导线接好

例如：对于“电动葫芦基本动作正常，但向前移动到终端位置不能自动停车”的故障现象，实际检修过程的记录见表 1–3–2。

表 1–3–2　　线路故障排除记录示例

步骤	测试内容	测试结果	结论和下一步措施
1	按下 SB3，电动葫芦向前移动到终端位置，观察行程开关 SQ3 是否被压下	行程开关 SQ3 正常压下	可初步判断其常闭触点不能断开
2	用电阻法检查 SQ3 常闭触点	SQ3 常闭触点不能断开	更换 SQ3

2．故障排除后，应当做哪些工作?

答：设备故障维修结束，设备维修人员要在设备维修任务单上填写“维修记录”部分的内容，然后由维修员及报修人对设备故障维修状况进行确认，对设备进行试运行，确认设备故障已排除，并填写设备维修任务单上“验收记录”部分的内容。

三、自检、互检与试车

故障检修完毕，在教师允许下通电试车，在小组内进行自检、互检，在表 1–3–3 中记录自检和互检的情况。

表 1–3–3　　自检和互检记录

故障范围是否正确		检修方法是否正确		是否修复故障	
自检	互检	自检	互检	自检	互检

四、工程验收

1．在验收阶段，各小组派出代表进行交叉验收，将发现的问题记录在表 1–3–4 中。

表 1–3–4　　验收过程问题记录表

验收问题记录	整改措施	完成时间	备注

2．以小组为单位认真填写表 1–1–1 设备维修任务单中“维修记录”和“验收记录”部分的内容。

五、其他故障分析与练习

1．除了本任务工作情境中涉及的故障现象，实际工作中，还可能出现其他各式各样的故障现象。表 1–3–5 列出了几种典型的故障现象，查询相关资料，分析故障原因，判断故障范围，简述处理方法，记录在表 1–3–5 中，并在教师指导下进行实际排除故障训练。

表 1–3–5　　典型故障示例

故障现象描述	处理方法	分析原因	故障范围
按下 SB1 按钮，KM1 线圈不吸合，吊钩升降电动机不启动	按下 SB3 按钮，检查 KM3 线圈是否吸合	若 KM3 线圈吸合，故障在 KM1 线圈回路；若 KM3 线圈不吸合，故障在电源电路	在 SB1 常开触点 ~ KM1 线圈之间的通路中有断点或 KM1 线圈烧毁
按下 SB3 按钮，KM3 线圈不吸合，吊钩水平移动电动机不启动	按下 SB1 按钮，检查 KM1 线圈是否吸合	若 KM1 线圈吸合，故障在 KM3 线圈回路；若 KM1 线圈不吸合，故障在电源电路	在 SB3 常开触点 ~ KM3 线圈之间的通路中有断点或 KM3 线圈烧毁
按下 SB1 按钮，KM1 线圈吸合，吊钩升降电动机发出“嗡嗡”响声但不启动	按下 SB2 按钮，检查吊钩升降电动机是否正常	若正常，故障在 KM1 主触头一相断路或连接导线脱落；若不正常，故障在电源电路	KM1 主触头一相断路或连接导线脱落
按下 SB4 按钮，KM4 线圈吸合，吊钩水平移动电动机发出“嗡嗡”响声但不启动	按下 SB3 按钮，检查吊钩水平移动电动机是否正常	若正常，故障在 KM3 主触头一相断路或连接导线脱落；若不正常，故障在电源电路	KM4 主触头一相断路或连接导线脱落

2．排除故障训练完毕，在小组内进行自检和互检，根据测试内容，填写表 1–3–6。

表 1–3–6　　自检和互检记录

序号	故障现象	故障范围是否正确		检修方法是否正确		是否修复故障	
		自检	互检	自检	互检	自检	互检
1							
2							
3							
4							

六、评价

世界技能大赛电气装置项目要求选手在通电前对线路进行自检并完成接地与绝缘测试报告，并能对线路存在的故障进行诊断与排除。通过后续任务的深入学习，应逐步具备以下能力。

（1）测试电气装置并能确定短路、开路、极性错误、绝缘电阻故障、接地连续性故障、设备设置不正确等故障。

（2）诊断电气装置并确定故障原因，如接触不良、接线不正确、高电阻环路阻抗、设备故障等。

（3）正确使用、检查和校准测量设备，如绝缘电阻测试仪、连续性测试仪、万用表、网络测试仪等。

查阅资料进一步了解相关内容，参考世界技能大赛的评价标准、理念，以小组为单位，按照表 1–3–7 所示评价内容进行评分。

表 1–3–7　　　　评分表

评价内容		配分	是 / 否	得分
安全文明生产	施工过程中无违规操作	10		
	施工过程中始终保持场地整洁，施工结束后场地整理干净	2		
试车检查	无短路或接地错误	2		
	通电检查时安全操作	2		
	控制电路试车	3		
	主电路加电试车	3		
故障分析	标出最小故障范围	6		
	故障分析思路清楚	6		
故障排除	排除故障点	5		
	扩大故障范围或产生新的故障后，自行修复	5		
	不损坏电动机或工具	6		
	不损坏元器件	6		
	排除故障方法正确	5		
终端恢复	配电箱所有导线恢复牢固且正确终止，无露铜	2		
	配电箱布线恢复整齐美观	2		
功能恢复	设备正常运转无故障	30		
	故障未排除的，及时独立发现问题并解决	5		
合计				

学习活动 4　工作总结与评价

学习目标

1. 能以小组形式对学习过程和实训成果进行汇报总结。

2. 完成对学习过程的综合评价。

建议学时：4 学时

学习过程

一、经验交流

任务完成后，进行班内、组内交流，总结经验，提高知识、技能和职业素养，并将主要内容记录下来。

1. 你在“电动葫芦故障诊断与排除”学习任务中学到了哪些知识和技能？简要记录在表 1–4–1 中。

表 1–4–1　　本任务所学主要知识和技能

知识	技能

2．你所在的小组在检修工作过程中存在哪些不足？需如何改进？简要记录在表 1–4–2 中。

表 1–4–2 不足之处及改进措施

不足之处	改进措施

3．进行班内、组内经验交流，并将要点记录在表 1–4–3 中。

表 1–4–3 班内、组内经验交流记录

工作经验交流	合理化建议

二、成果展示

在世界技能大赛中，要求选手具有一定的组织规划、沟通、创新等能力，这些能力在日常工作中是十分必要的。以小组为单位，选择演示文稿、展板、海报、视频等形式中的一种或几种，向全班展示、汇报学习成果。

三、综合评价

参考世界技能大赛的评价标准、理念，针对本任务的学习情况，根据表 1-4-4 所列综合评价标准进行评分。

表 1-4-4　综合评价

评价项目	评价内容及标准	配分	评分		
			自我评价	小组评价	教师评价
工作组织和管理	团队合作，合理计划，高效管理时间	3			
	定期检查工作进展和成果	3			
	保证高质量完成工作	4			
沟通能力	深度咨询客户，完全理解其要求	5			
	提供明确说明，为客户提供书面报告	5			
计划创新能力	定期检查工作，最小化问题	5			
	提出创新性、可行性建议，提高客户满意度	5			
故障诊断能力	根据设备控制要求，准确确定故障类型和范围	20			
	根据设备技术资料，正确分析故障原因	30			
故障排除能力	能正确使用、测试、校准测量设备	5			
	能按照国家标准完成设备线路维修	15			
学生姓名		综合评价得分			
指导教师		日期			

世赛知识

世界技能大赛发展史

世界技能大赛已经有七十多年的历史，最早的比赛始于西班牙。

1946 年，西班牙国内技术工人大量短缺，为应对这一困境，时任西班牙青年组织总干事的何塞・安东尼奥・埃尔拉・奥拉索（José Antonio Elola Olaso）萌生了以职业技能竞赛吸引年轻人接受职业教育的想法。在他的授意下，时任西班牙最大技能培训中心负责人的弗朗西斯科・阿尔伯特・维达（Francisco Albert-Vidal）和其他几位同事一起，将这一想法变为了现实。他提出通过组织这项特别的行动来激发年轻人学习技能的激情，并使他们的父母、老师和雇主相信：良好的技能训练可以为年轻人带来光明的未来。在他的带领下，西班牙于 1947 年进行了第 1 次尝试——在国内成功举办了第 1 届全国职业技能大赛，共有约 4 000 名学徒参与其中。

随后，经过一系列努力，1950 年，西班牙与葡萄牙携手，在西班牙马德里举办了第 1 届世界技能大赛，世界技能大赛的帷幕正式拉开。作为当今世界最负盛名的技能赛事，世界技能大赛最初的赛事规模并不宏大，只有来自两个国家的 24 名青年技术工人参加。与此同时，两国在西班牙创立了世界技能组织的前身——“国际职业技能训练组织”（International Vocation Training Organization，IVTO）。

1953 年，在西班牙的邀请下，德国、英国、法国等欧洲国家纷纷加入“国际职业技能训练组织”。1954 年，由各成员国选派的行政代表和技术代表组成的组委会成立，专门负责制定和完善竞赛规则，这种模式沿用至今。从 20 世纪 60 年代起，日本、韩国等亚洲国家也先后加入。来自全球不同国家和地区的选手纷纷登上世界技能大赛的舞台，赛事规模日益壮大。时至今日，世界技能大赛已成为真正的世界级技能竞技比赛，世界技能组织各成员国家和地区的青年技术人才齐聚一堂，展示、交流各自的技能，相互学习彼此的经验，分享胜利的喜悦。

1955—1971 年，世界技能大赛每年举办一届，自 1971 年起，基本稳定为每两年举办一届。经过 69 年的发展，世界技能大赛的参赛规模从 1950 年 2 个参赛队 24 名参赛选手发展到 2019 年 69 个参赛队 1 355 余名参赛选手（截至 2019 年）。2019 年 8 月 22—27 日在俄罗斯喀山举办的第 45 届世界技能大赛是迄今为止规模最大的技能竞赛。

学习任务二　CA6140 普通车床故障诊断与排除

学习目标

1. 能通过设备维修任务单，明确工作内容及工期要求，勘察现场，与客户、设备操作人员等进行有效沟通，了解故障现象，准确获取任务信息。

2. 能查阅设备出厂资料和维修档案，识读 CA6140 普通车床电气原理图，熟悉其结构、功能、主要运动形式和控制要求。

3. 能结合 CA6140 普通车床电气控制线路原理图，运用逻辑分析法等方法分析故障范围。

4. 能根据任务需要确定人员分工，列举所需仪表、资料、材料、器材，明确工作安排和安全防护措施，合理制订工作计划并呈报。

5. 能按电业安全工作规程、工艺要求和场地情况，运用适当的方法综合分析故障状况，完成故障诊断和排除。

6. 能按相关技术指标使用仪表对恢复正常的设备进行检测，完成运行测试工作。

7. 能遵循健康和安全标准，遵循规章制度和安全生产程序，设置安全措施、使用适当的个人防护用品；能合理规划工作区域，最大限度地提高效率并保持工作区域的环境卫生。

8. 能规范填写设备维修任务单，交付验收，并归纳总结各类故障状态下电气控制线路维修方法和要点。

9. 能以小组形式，对学习过程和实训成果进行汇报总结，完成对学习过程的综合评价。

建议学时

40 学时

工作情境描述

某加工厂生产车间 CA6140 普通车床使用中出现故障，具体故障现象为通电后主轴电动机不能正常启动。经初步检查，判断为电气控制线路故障。现该项维修任务交由维修班完成，需电气维修人员通过现场勘察，熟悉 CA6140 普通车床电气控制线路的工作原理，结合电气原理图、布置图、接线图等技术资料准确判断故障原因，并使用正确的方法及时排除故障，使其正常运转。

工作流程与活动

1．明确工作任务（6 学时）

2．施工前的准备（12 学时）

3．现场施工（18 学时）

4．工作总结与评价（4 学时）

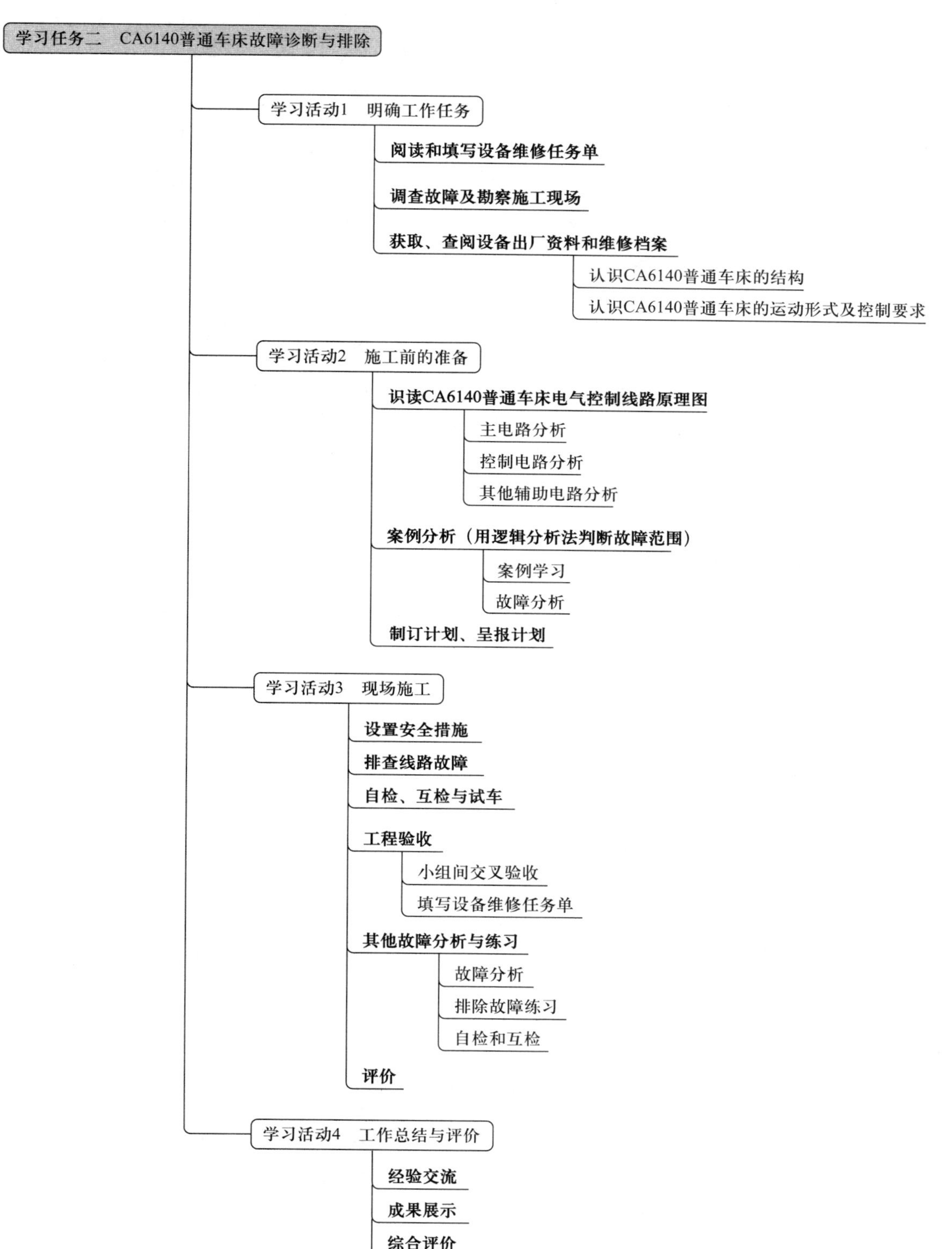
学习任务二　CA6140普通车床故障诊断与排除
学习活动1　明确工作任务
阅读和填写设备维修任务单
调查故障及勘察施工现场
获取、查阅设备出厂资料和维修档案
认识CA6140普通车床的结构
认识CA6140普通车床的运动形式及控制要求
学习活动2　施工前的准备
识读CA6140普通车床电气控制线路原理图
主电路分析
控制电路分析
其他辅助电路分析
案例分析（用逻辑分析法判断故障范围）
案例学习
故障分析
制订计划、呈报计划
学习活动3　现场施工
设置安全措施
排查线路故障
自检、互检与试车
工程验收
小组间交叉验收
填写设备维修任务单
其他故障分析与练习
故障分析
排除故障练习
自检和互检
评价
学习活动4　工作总结与评价
经验交流
成果展示
综合评价

学习活动1　明确工作任务

学习目标

1. 能通过设备维修任务单，明确工作内容及工期要求。

2. 能通过勘察现场，与客户、设备操作人员等进行有效沟通，了解故障现象，分析故障范围。

3. 能查阅设备出厂资料和维修档案，识读CA6140普通车床电气原理图，熟悉其结构、功能、主要运动形式和控制要求。

建议学时：6学时

学习过程

一、阅读和填写设备维修任务单

认真阅读工作情境描述，查阅相关资料，依据工作情境描述或现场勘察结果，填写设备维修任务单（表2-1-1）“报修记录”部分。

表2-1-1　设备维修任务单

报修记录					
报修部门	生产车间	报修人	×××	报修时间	2022年3月25日
报修级别	特急□　急□　一般☑		希望完工时间	2022年3月28日以前	
故障设备	CA6140普通车床	设备编号	车002	故障时间	2022年3月25日
故障状况	某加工厂生产车间CA6140普通车床通电后主轴不能正常启动，经维修班组长初步检查，判断为电气控制线路故障引起，需要对其电气控制线路进行检修				

续表

<table>
<tr><th colspan="6">维修记录</th></tr>
<tr><td>接单人及时间</td><td colspan="2"></td><td>预定完工时间</td><td colspan="2"></td></tr>
<tr><td>派工</td><td colspan="5"></td></tr>
<tr><td>故障原因</td><td colspan="5"></td></tr>
<tr><td>维修类别</td><td colspan="5">小修□　　中修□　　大修□</td></tr>
<tr><td>维修情况</td><td colspan="5"></td></tr>
<tr><td>维修起止时间</td><td colspan="2"></td><td>工时总计</td><td colspan="2"></td></tr>
<tr><td>耗材名称</td><td>规格</td><td>数量</td><td>耗材名称</td><td>规格</td><td>数量</td></tr>
<tr><td></td><td></td><td></td><td></td><td></td><td></td></tr>
<tr><td></td><td></td><td></td><td></td><td></td><td></td></tr>
<tr><td></td><td></td><td></td><td></td><td></td><td></td></tr>
<tr><td>维修人员建议</td><td colspan="5"></td></tr>
<tr><th colspan="6">验收记录</th></tr>
<tr><td rowspan="2">验收部门</td><td>维修开始时间</td><td></td><td>完工时间</td><td colspan="2"></td></tr>
<tr><td>维修结果</td><td colspan="4">验收人：　　　　日期：</td></tr>
<tr><td colspan="2">设备部门</td><td colspan="4">验收人：　　　　日期：</td></tr>
</table>

二、调查故障及勘察施工现场

设备维修部门收到设备报修信息后，先要由维修人员对故障状况进行确认，确定设备故障维修的复杂程度，对故障简单分类后，制订维修计划。

参照上一学习任务进行调查及勘察，采用了哪些手段？进行了哪些操作？获取了哪些信息？为下一步工作做了哪些准备？简要记录下来。

答：1. 采用的手段

观察和调查故障现象的主要手段包括问、看、听、摸、闻。

参考资料

电力拖动控制线路与技能训练（第六版）

第三单元课题 1　CA6140 型车床电气控制线路

（1）问：向现场操作人员了解故障发生前后的情况。

（2）看：仔细观察各种电气元件的外观变化情况。

（3）听：主要听有关设备在故障发生前后声音有否差异。

（4）摸：故障发生后，断开电源，用手触摸或轻轻推拉导线及设备的某些部位，从而发现是否有异常变化。

（5）闻：故障出现后，断开电源，将鼻子靠近电动机、自耦变压器、继电器、接触器、绝缘导线等处闻味儿，发现是否能闻到焦煳味。

2. 进行的操作

向在场人员如设备操作人员询问情况，包括：以往有无发生过同样或类似的故障，曾做过何种处理，有无更改过接线或更换过零件等；故障发生前有什么征兆，故障发生时有什么现象，当时的天气状况如何，电压是否太高或太低；故障外部表现、大致部位、发生故障时的环境情况，如有无异常气体，明火、热源是否接近设备，有无腐蚀性气体侵入，有无漏水；如果故障发生在有关操作期间或之后，还应询问当时的操作内容以及方法步骤。

3. 获取的信息

（1）仔细查看各种电气元件的外观变化情况，如触点是否烧熔、氧化，熔断器熔体熔断指示器是否跳出，热继电器是否脱扣，导线和线圈是否烧焦，热继电器整定值是否合适，瞬时动作整定电流是否符合要求等。

（2）听有关设备在故障发生前后声音是否有差异，如电动机启动时是否只“嗡嗡”响而不转，接触器线圈得电后是否噪声很大等。

（3）断开电源，用手触摸或轻轻推拉导线及设备的某些部位，以察觉异常变化，如电动机、自耦变压器和电磁线圈表面的温度是否过高，轻拉导线时连接是否松动，轻推设备活动机构时是否灵活等。

（4）断开电源，将鼻子靠近电动机、自耦变压器、继电器、接触器、绝缘导线等处闻味儿，是否能闻到焦煳味，如有焦煳味，则表明设备绝缘层已被烧坏，主要原因是过载、短路或三相电流严重不平衡等。

4. 做的准备

为了使检修工作更具有针对性，可以通过试车观察故障现象，试车的前提是不扩大故障范围（不损伤电气设备和机械设备）。试车时，要求维修人员熟悉电气设备，明确试车步骤，如不明确，必须与操作人员配合进行试车。试车时需要注意观察以下内容。

（1）电动机是否运转，转动时声音是否正常。

（2）控制电动机的接触器、继电器等是否正常工作，电磁线圈吸合声音是否正常。

（3）与故障范围相关的电气控制线路、控制环节都要进行试车。

（4）试车停止切断电源后，还可通过触摸检查电动机、变压器、电磁线圈等是否超过允许的温升，还可通过闻味儿，发现是否有异常气味。

（5）试车前，为避免机床运动部分发生误动作或碰撞等意外情况，可将生产机械与电动机分离，或将电动机与电气控制线路分离，然后再试车。

三、获取、查阅设备出厂资料和维修档案

车床是一种应用极为广泛的金属切削机床，它能完成车内圆、车外圆、车端面、车螺纹、钻孔、镗孔、倒角、割槽及切断等加工，常用于机械制造业的单件、小批量生产。

在前一门“低压电气控制设备安装与维护”课程中已经学习过了 CA6140 普通车床的基本知识，回顾所学内容，回答下列引导问题。

参考资料

电力拖动控制线路与技能训练（第六版）

第三单元课题 1　CA6140 型车床电气控制线路

1．CA6140 普通车床在机械加工中应用较广，图 2–1–1 所示为 CA6140 普通车床外形及结构。它主要由床身、主轴箱、进给箱、溜板箱、刀架、卡盘、尾架、丝杠和光杠等部分组成。写出图 2–1–1 中各个数字所指示部位的名称。

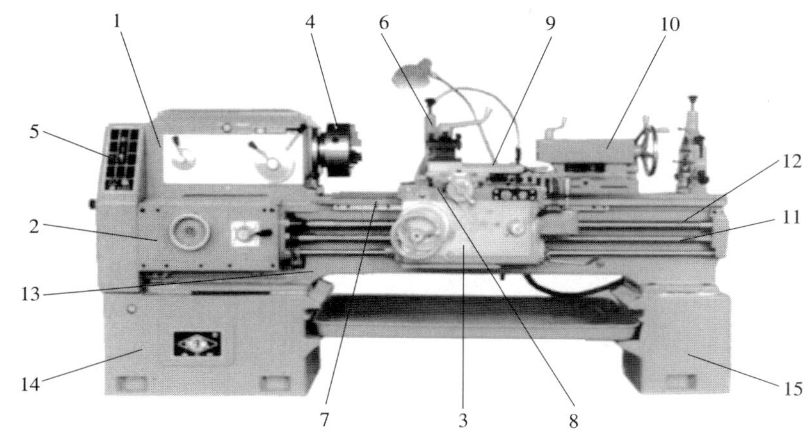

图 2–1–1　CA6140 普通车床外形及结构

1—主轴箱　2—进给箱　3—溜板箱　4—卡盘　5—挂轮架　6—刀架　7—床鞍　8—中滑板
9—小滑板　10—尾座　11—光杠　12—丝杠　13—床身　14—左床座　15—右床座

2．查阅相关资料，观察图 2–1–2 所示 CA6140 普通车床的操作手柄，补全表 2–1–2 中的内容。

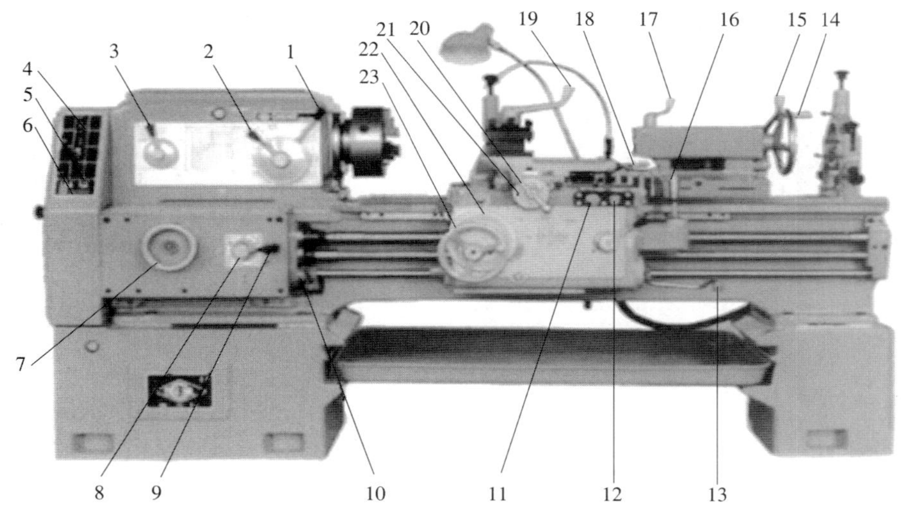

图 2–1–2　CA6140 普通车床的操作手柄

表 2-1-2　　CA6140 普通车床的操作手柄

图上编号	名称	图上编号	名称
1，2	主轴变速（长、短）手柄	14	尾座套筒移动手轮
3	加大螺距及左、右螺纹变换手柄	15	尾座快速紧固手柄
4	电源总开关（有开和关两个位置）	16	机动进给手柄及快速移动按钮
5	电源开关锁（有 1 和 0 两个位置）	17	尾座套筒固定手柄
6	冷却泵总开关	18	小滑板移动手柄
7，8	进给量和螺距变换手轮、手柄	19	刀架转位及固定手柄
9	螺纹种类及丝杠、光杠变换手柄	20	中滑板手柄
10，13	主轴正反转操纵手柄	21	中滑板刻度盘
11	停止（或急停）按钮（红色）	22	床鞍刻度盘
12	启动按钮（绿色）	23	床鞍手轮

3．查阅相关资料，观察 CA6140 普通车床的主要运动形式及控制要求，补全表 2-1-3 中的内容。

表 2-1-3　　CA6140 普通车床主要运动形式及控制要求

运动种类	运动形式	控制要求
主运动	主轴通过卡盘或顶尖带动工件的旋转运动	（1）主轴电动机选用三相笼型异步电动机，不进行调速，主轴采用齿轮箱进行机械有级调速 （2）车削螺纹时要求主轴有正反转，一般由机械方法实现，主轴电动机只进行单向旋转 （3）主轴电动机的容量不大，可直接启动
进给运动	刀架带动刀具的直线运动	由主轴电动机拖动，主轴电动机的动力通过挂轮箱传递给进给箱来实现刀具的纵向和横向进给。加工螺纹时，要求刀具的移动和主轴转动有固定的比例关系
辅助运动	刀架的快速移动	由刀架快速移动电动机拖动，该电动机可直接启动，不需要反转和调速
	尾架的纵向移动	由手动操作控制
	工件的夹紧与放松	由手动操作控制
	加工过程的冷却	冷却泵电动机和主轴电动机要实现顺序控制，冷却泵电动机不需要反转和调速

学习活动 2　施工前的准备

学习目标

1. 能识读 CA6140 普通车床电气控制线路原理图，运用逻辑分析法等方法分析故障范围。

2. 能根据任务需要确定人员分工，列举所需仪表、资料、材料、器材，明确工作安排和安全防护措施，合理制订工作计划并呈报。

建议学时：12 学时

学习过程

一、识读 CA6140 普通车床电气控制线路原理图

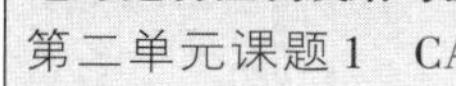

参考资料
电力拖动控制线路与技能训练（第六版）
第二单元课题 1　CA6140 型车床电气控制线路

识读图 2–2–1 所示 CA6140 普通车床电气控制线路原理图，分析各个控制环节的原理及作用，并回答后面的问题。

1．在图 2–2–1 中圈出主电路、控制电路、照明与信号电路的范围。

2．分析主电路的工作原理。

答：机床电源采用三相 380 V 交流电路，由电源开关 QF（低压断路器）引入，总电源短路保护为 FU。主轴电动机 M1 的短路保护由低压断路器 QF 的电磁脱扣器来实现，而冷却泵电动机 M2、刀架快速移动电动机 M3 的短路保护由 FU1 来实现，M1 和 M2 的过载保护由各自的热继电器 KH1 和 KH2 来实现，三台电动机分别采用接触器 KM 和中间继电器 KA1、KA2 控制。

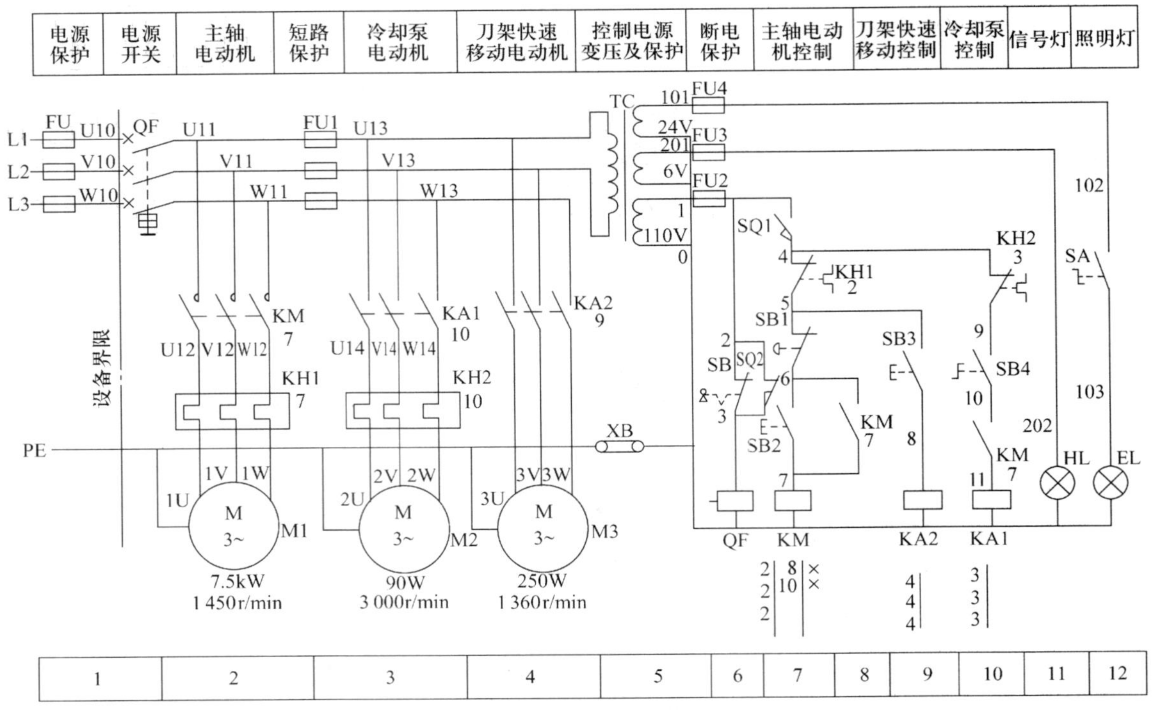

图 2-2-1 CA6140 普通车床电气控制线路原理图

3．分析控制电路的工作原理。

答：（1）控制电路的电源由 TC 二次侧输出 110 V 电压提供。信号指示电路的电源由 TC 二次侧输出 6 V 电压提供。照明电路的电源由 TC 二次侧输出 24 V 电压提供。

（2）M1 启动：按下 SB2 控制 KM 得电动作完成。M1 停止：按下 SB1 控制 KM 失电动作完成。

（3）M2 启动：在 M1 启动后，合上 SB4 完成。M2 停止：M2 在 M1 停止运行后自行停止。

（4）M3 由操作 SB3 完成点动控制。刀架前、后、左、右移动方向由进给操作手柄配合机械装置来实现。

4．分析照明与信号电路的工作原理。

答：车床照明灯 EL 由开关 SA 控制，由 FU4 作为短路保护。HL 为电源信号灯，由 FU3 作为短路保护。

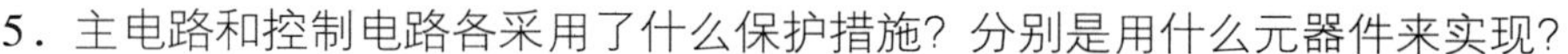

5．主电路和控制电路各采用了什么保护措施？分别是用什么元器件来实现？

答：M1 为主轴电动机，由 KM 作为失压、欠压保护，KH1 作为过载保护，FU 作为短路保护。M2 为冷却泵电动机，KH2 作为过载保护。M3 为刀架快速移动电动机，FU1 作为短路保护（M2、M3 及 TC）。FU2、FU3、FU4 为控制电路作短路保护。

6．主轴电动机与冷却泵电动机之间是如何实现顺序控制的？

答：主轴电动机与冷却泵电动机之间是通过控制回路实现顺序控制的。KM1 辅助常开触头（10 区）闭合，为冷却泵启动进行准备。

二、案例分析（用逻辑分析法判断故障范围）

【案例 1】

故障现象：按下 SB3 按钮，KA2 线圈不吸合，按下 SB2 按钮，主轴电动机可以正常工作。

故障检修流程如下。

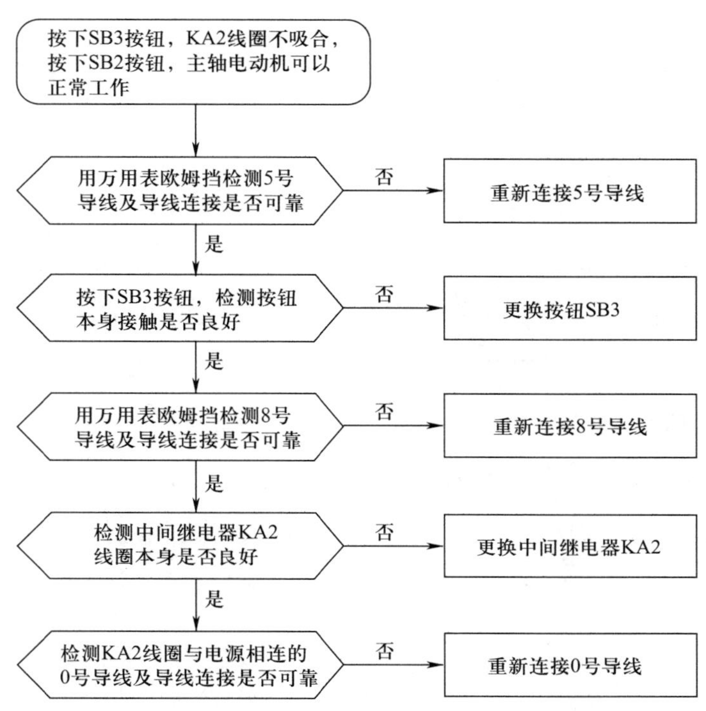

【案例 2】

故障现象：按下 SB3 按钮，KA2 线圈不吸合，按下 SB2 按钮，主轴电动机也不工作。

故障检修流程如下。

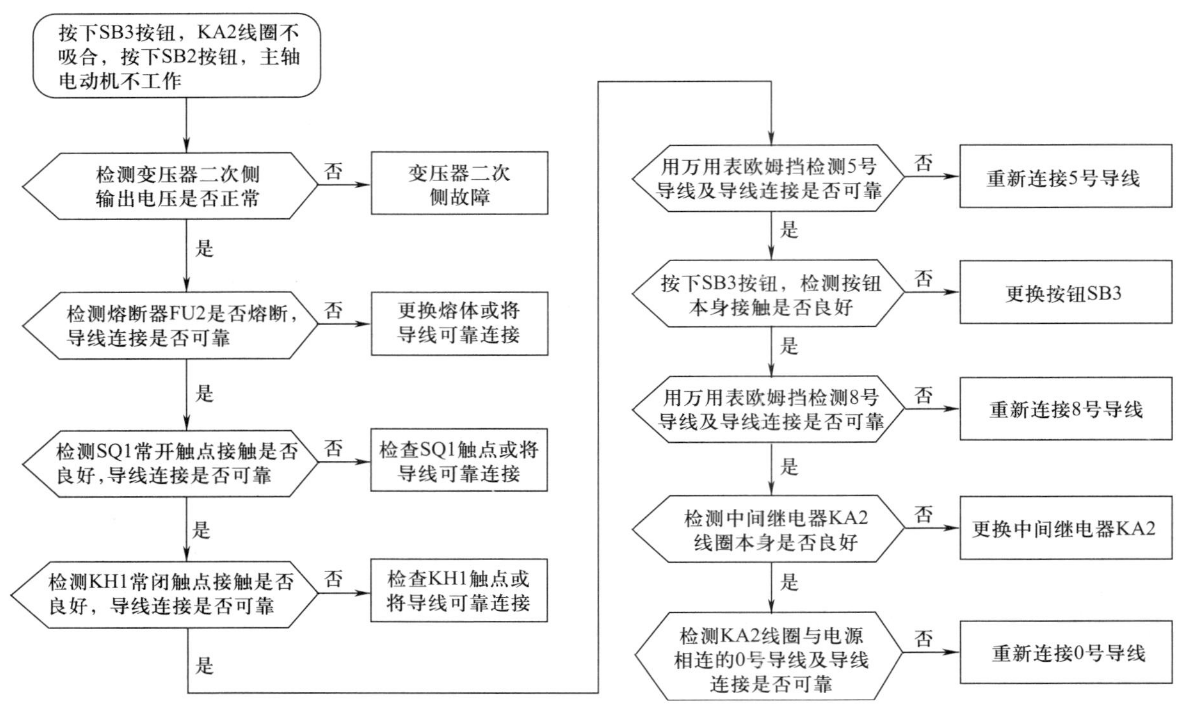

结合现场勘察情况，分析本任务的故障原因，以及进一步检查的部位，为制订检修计划和排除故障做好准备。将分析结果填入表 2-2-1。

表 2-2-1　故障分析

故障现象	可能的故障原因	待查部位和检查内容
CA6140 普通车床通电后主轴不能正常启动	在电源指示灯亮的情况下，检查接触器 KM1 是否能吸合	如果 KM1 不吸合，表明接触器 KM1 线圈烧坏或是回路中的连线有问题；如果 KM1 吸合，表明接触器 KM1 主触头烧坏或是回路中的连线有问题，也可能是电动机本身的问题

三、制订计划、呈报计划

在检修故障时应该遵循“观察和调查故障现象→分析故障原因→确定故障的具体部位→排除故障→检验试车”的操作步骤。依此，制订故障检修工作计划并按流程呈报计划书。

“CA6140 普通车床故障诊断与排除”工作计划书

1．人员分工

（1）小组负责人：__×××__

（2）小组成员及分工

姓名	分工
×××	安全员
×××	材料员
×××	绘图员
×××	施工员

2．工具及材料清单

<table>
<tr><td>工具</td><td colspan="5">测电笔、螺钉旋具、尖嘴钳、斜口钳、剥线钳、电工刀等电工常用工具</td></tr>
<tr><td>仪表</td><td colspan="5">兆欧表（500 V）、钳形电流表、万用表</td></tr>
<tr><td>资料</td><td colspan="5">任务单、出厂资料、维修档案、施工图纸、维修计划模板、维修记录模板、电业安全工作规程、电工手册、电气安装施工规范等资料</td></tr>
<tr><td>材料</td><td colspan="5">导线、控制器件、保护器件、线槽、线管、绝缘材料、劳保用品、安全警示牌、警戒围栏</td></tr>
<tr><td rowspan="18">器材</td><td>代号</td><td>名称</td><td>型号</td><td>规格</td><td>数量</td></tr>
<tr><td>M1</td><td>主轴电动机</td><td>Y132M-4-B3</td><td>7.5 kW、1450 r/min</td><td>1</td></tr>
<tr><td>M2</td><td>冷却泵电动机</td><td>AOB-25</td><td>90 W、3000 r/min</td><td>1</td></tr>
<tr><td>M3</td><td>刀架快速移动电动机</td><td>AOS5634</td><td>250 W、1360 r/min</td><td>1</td></tr>
<tr><td>KH1</td><td>热继电器</td><td>JR16-20/3D</td><td>15.4 A</td><td>1</td></tr>
<tr><td>KH2</td><td>热继电器</td><td>JR16-20/3D</td><td>0.32 A</td><td>1</td></tr>
<tr><td>KM</td><td>交流接触器</td><td>CJ1-20B</td><td>线圈电压 110 V</td><td>1</td></tr>
<tr><td>KA1</td><td>中间继电器</td><td>JZ7-44</td><td>线圈电压 110 V</td><td>1</td></tr>
<tr><td>KA2</td><td>中间继电器</td><td>JZ7-44</td><td>线圈电压 110 V</td><td>1</td></tr>
<tr><td>SB1</td><td>按钮</td><td>LAY3-01ZS/1</td><td></td><td>1</td></tr>
<tr><td>SB2</td><td>按钮</td><td>LAY3-10/3.11</td><td></td><td>1</td></tr>
<tr><td>SB3</td><td>按钮</td><td>LA9</td><td></td><td>1</td></tr>
<tr><td>SB4</td><td>旋钮开关</td><td>LAY3-10X/2</td><td></td><td>2</td></tr>
<tr><td>SQ1、SQ2</td><td>位置开关</td><td>JWM6-11</td><td></td><td>1</td></tr>
<tr><td>HL</td><td>信号灯</td><td>ZSD-0</td><td>6 V</td><td>1</td></tr>
<tr><td>QF</td><td>断路器</td><td>AM2-40</td><td>20 A</td><td>1</td></tr>
<tr><td>TC</td><td>控制变压器</td><td>JBK2-100</td><td>380 V/110 V/24 V/6 V</td><td>1</td></tr>
</table>

3．工序及工期安排

序号	工作内容	完成时间	备注
1	观察和调查故障现象		
2	分析故障原因		
3	确定故障的具体部位		
4	排除故障		
5	检验试车		

4．安全防护措施

（1）设立专职安全员，团队协作，一人检修一人监护。

（2）遵循健康和安全标准，使用适当的个人防护用品（安全鞋、护目镜等）。

（3）合理规划工作区域，最大限度地提高效率并保持工作区域的环境卫生。

（4）安全使用维修工具和仪器仪表，使用完毕应清理干净，正确存放。

（5）在上电前要确保人身、设备安全，通电测试必须按要求完成每一种功能的检测，以确保设备正确运行，达到功能控制要求。

学习活动 3　现 场 施 工

学习目标

1. 能按电业安全工作规程、工艺要求和场地情况，运用观察法、替换法、测量法等多种方法综合分析故障状况，熟练使用测试工具、测量设备诊断故障，并能用正确方法排除故障。

2. 能按相关技术指标使用仪表对恢复正常的设备进行检测，并完成运行测试工作。

3. 能遵循健康和安全标准，遵循规章制度和安全生产程序，设置安全措施、使用适当的个人防护用品；能合理规划工作区域，最大限度地提高效率并保持工作区域的环境卫生。

4. 能规范填写设备维修任务单，交付验收，并归纳总结各类故障状态下电气控制线路维修方法和要点。

建议学时：18 学时

学习过程

一、设置安全措施

参照学习任务一中所学内容，根据本任务的实际情况，需要设置哪些安全措施？和前面的学习任务相比，是否相同？如有不同，具体包括哪些？为什么？

答：（1）设立专职安全员，团队协作，一人检修一人监护。

（2）遵循健康和安全标准，使用适当的个人防护用品（安全鞋、护目镜等）。

（3）合理规划工作区域，最大限度地提高效率并保持工作区域的环境卫生。

（4）安全使用维修工具和仪器仪表，使用完毕应清理干净，正确存放。

（5）在上电前要确保人身、设备安全，通电测试必须按要求完成每一种功能的检测，以确保设备正确运行，达到功能控制要求。

二、排查线路故障

根据勘察到的故障现象，分析故障可能范围，运用直观检查法，对每个元器件、每根导线的外观逐一进行检查，查找故障点并排除故障，记录过程。

经外观检查未发现故障点时，可根据故障现象，在不扩大故障范围、不损伤电气和机械设备的前提下，进行通电试车，进一步判断故障及故障区域。

1．根据上一活动的观察结果，整理故障现象，分析故障原因，确定故障点并排除。在排除故障过程中，严格执行安全操作规范，文明作业、安全作业，将检修过程记录在表 2–3–1 中。

表 2–3–1　　线路故障排除记录

步骤	测试内容	测试结果	结论和下一步措施
1	三相电源故障	FU1 熔断器熔断	用电阻法检测，更换同型号熔断器
2	KM 不吸合	FU2 熔断器熔断	用电阻法检测，更换同型号熔断器
		SQ1 接触不良或接线脱落	修理或更换 SQ1，接好脱落线
		KH1 接触不良或接线脱落	修理或更换 KH1，接好脱落线
		SB1 接触不良或接线脱落	修理或更换 SB1，接好脱落线
		SB2 接触不良或接线脱落	修理或更换 SB2，接好脱落线
		KM 线圈开路或接线脱落	修理或更换 KM，接好脱落线
3	KM 吸合	KM 主触点接触不良或接线脱落	修理或更换 KM，接好脱落线
		电动机 M1 断相，或者因为负载过重，也可引起电动机不转	应做进一步检查判断

2．找出电气设备故障点后，就要着手进行修复，修复故障时需注意哪些事项?

答：在故障点确定以后，无论修复还是更换，对电气维修人员来说，排除故障比查找故障要简单得多。在排除故障的过程中，应先动脑后动手，正确分析可起到事半功倍的效果。需注意的是：在找出有故障的组件后，应该进一步确定故障的根本原因，例如，当电路中的一只接触器烧坏，单纯地更换一只是不够的，重要的是要查出其被烧坏的原因，并采取补救和预防的措施。在排除故障的过程中还要注意对线路做好标记，以防错接。

3．故障排除后，应当做哪些工作?

答：设备故障维修结束，设备维修人员要在设备维修任务单上填写“维修记录”部分的内容；然后由维修员及报修人对设备故障维修状况进行确认，对设备进行试运行，确认设备故障已排除，并填写设备维修任务单上“验收记录”部分的内容。

三、自检、互检与试车

故障修复后，应重新通电试车进行自检，确认机械设备的各项操作符合技术要求后，才能交付使用。

1．主轴电动机的启动操作

启动主轴电动机，观察其运行情况。观察主轴电动机和电气控制箱内部电气元件的动作情况，并在表 2–3–2 中做好记录。

表 2–3–2　　主轴电动机的启动操作检查

序号	操作内容	观察内容	正常结果	观察结果
1	按下启动按钮	主接触器触头	吸合	
		主轴电动机	运转	
2	向上抬起机械操纵手柄	主轴	立即正转	
		卡盘	带动工件正转	
3	向下抬起机械操纵手柄	主轴	立即反转	
		卡盘	带动工件反转	

2．冷却泵电动机的启停操作

转动 SB4 旋转开关至“I”位置，冷却泵启动，将 SB4 旋转到“O”位置时，冷却泵停止。主轴电动机启动后，观察冷却泵和电气元件的工作情况，并在表 2–3–3 中做好记录。

表 2–3–3　　冷却泵电动机的启停操作检查

序号	操作内容	观察内容	正常结果	观察结果
1	SB4 旋转至“I”	KA1	吸合	
		冷却泵电动机	运转	
		切削液管	有切削液流出	
2	SB4 旋转至“O”	KA1	释放	
		冷却泵电动机	停转	
		切削液管	切削液停止流出	

3．主轴电动机的停止操作

按下 SB1 紧急停止按钮，主轴电动机和冷却泵同时停止，机床处于急停状态。按照按钮上箭头方向（顺时针）旋转急停按钮 SB1，急停按钮将复位。观察主轴电动机的工作情况，并在表 2–3–4 中做好记录。

表 2–3–4　主轴电动机的停止操作检查

序号	操作内容	观察内容	正常结果	观察结果
1	按下 SB2	KM	吸合	
		主轴	运转	
2	按下 SB1	KM	释放	
		主轴	停止	

4．刀架快速移动电动机 M2 的启动操作

完成刀架快速移动电动机 M2 的启动操作，观察主轴电动机的工作情况，并在表 2–3–5 中做好记录。

表 2–3–5　刀架快速移动电动机 M2 的启动操作检查

序号	操作内容	观察内容	正常结果	观察结果
1	按下 SB3	KA2	吸合	
		刀架快速移动电动机 M3	运转	
		刀架	快速移动	
2	松开 SB3	KA2	释放	
		刀架快速移动电动机 M3	停转	
		刀架	快速移动停止	

5．在小组内进行互检，结合前面自检的情况，在表 2–3–6 中记录自检和互检的情况。

表 2–3–6　自检和互检记录

故障范围是否正确		检修方法是否正确		是否修复故障	
自检	互检	自检	互检	自检	互检

四、工程验收

1．在验收阶段，各小组派出代表进行交叉验收，将发现的问题记录在表 2–3–7 中。

表 2–3–7　　验收过程问题记录表

验收问题记录	整改措施	完成时间	备注

2．以小组为单位认真填写表 2–1–1 设备维修任务单中“维修记录”和“验收记录”部分的内容。

五、其他故障分析与练习

1．除了本任务工作情境中涉及的故障现象，实际工作中，还可能出现其他各式各样的故障现象。表 2–3–8 列出了几种典型的故障现象，查询相关资料，分析故障原因，判断故障范围，简述处理方法，记录在表 2–3–8 中，并在教师指导下进行实际排除故障训练。

表 2–3–8　　典型故障示例

<table>
<tr><th>序号</th><th>故障现象</th><th>故障范围</th><th>主要故障点</th><th>检修排除方法</th></tr>
<tr><td rowspan="7">1</td><td rowspan="7">M1 不能启动</td><td>三相电源故障</td><td>FU1 熔断器熔断</td><td>用电阻法检测，更换同型号熔断器</td></tr>
<tr><td rowspan="6">KM 不吸合</td><td>FU2 熔断器熔断</td><td>用电阻法检测，更换同型号熔断器</td></tr>
<tr><td>SQ1 接触不良或接线脱落</td><td>修理或更换 SQ1，接好脱落线</td></tr>
<tr><td>KH1 接触不良或接线脱落</td><td>修理或更换 KH1，接好脱落线</td></tr>
<tr><td>SB1 接触不良或接线脱落</td><td>修理或更换 SB1，接好脱落线</td></tr>
<tr><td>SB2 接触不良或接线脱落</td><td>修理或更换 SB2，接好脱落线</td></tr>
<tr><td>KM 线圈开路或接线脱落</td><td>修理或更换 KM，接好脱落线</td></tr>
</table>

续表

序号	故障现象	故障范围	主要故障点	检修排除方法
2	M1 不能自锁运行	KM 辅助触点接触不良	触点氧化	刮去氧化层
			触点磨损严重	更换触点
		KM 辅助触点接线脱落	6、7 号线接点	接好脱落线
3	M1 不能停车	KM	主触点熔焊	更换 KM
			铁芯表面有污垢	清除污垢
		SB1	SB1 击穿	更换 SB1
			5、6 间短路	消除短路故障
4	M1 运行中突然停车	KH1	动合触点开断	查找过载原因，使触点恢复闭合
5	M2 不能启动	SB4	SB4 接触不良	用电阻法检测，修理或更换
			9、10 号线接点脱落	接好脱落线
6	M2 运行中突然停车	KH2	动合触点开断	查找过载原因，使触点恢复闭合
7	M3 不能启动	KA2	FU2 熔断器熔断	用电阻法检测，更换同型号熔断器
			SQ1 接触不良	用电阻法检测，修理或更换
			2、4 号线接点脱落	接好脱落线
			KH1 接触不良	用电阻法检测，修理或更换
			4、5 号线接点脱落	接好脱落线
			SB3 接触不良	用电阻法检测，修理或更换
			5、8 号线接点脱落	接好脱落线
			KA2 线圈开路或接线脱落	修理或更换 KA2，接好脱落线

2．排除故障训练完毕，在小组内进行自检和互检，根据测试内容，填写表 2–3–9。

表 2–3–9　自检和互检记录

序号	故障现象	故障范围是否正确		检修方法是否正确		是否修复故障	
		自检	互检	自检	互检	自检	互检
1							
2							
3							

续表

序号	故障现象	故障范围是否正确		检修方法是否正确		是否修复故障	
		自检	互检	自检	互检	自检	互检
4							
5							
6							
7							

六、评价

参考世界技能大赛的评价标准、理念，以小组为单位，按照表 2-3-10 所示评价内容进行评分。

表 2-3-10　　评分表

评价内容		配分	是 / 否	得分
安全文明生产	施工过程中无违规操作	10		
	施工过程中始终保持场地整洁，施工结束后场地整理干净	2		
试车检查	无短路或接地错误	2		
	通电检查时安全操作	2		
	控制电路试车	3		
	主电路加电试车	3		
故障分析	标出最小故障范围	6		
	故障分析思路清楚	6		
故障排除	排除故障点	5		
	扩大故障范围或产生新的故障后，自行修复	5		
	不损坏电动机或工具	6		
	不损坏元器件	6		
	排除故障方法正确	5		
终端恢复	配电箱所有导线恢复牢固且正确终止，无露铜	2		
	配电箱布线恢复整齐美观	2		
功能恢复	设备正常运转无故障	30		
	故障未排除的，及时独立发现问题并解决	5		
合计				

学习活动 4　工作总结与评价

学习目标

1. 能以小组形式对学习过程和实训成果进行汇报总结。

2. 完成对学习过程的综合评价。

建议学时：4 学时

学习过程

一、经验交流

任务完成后，进行班内、组内交流，总结经验，提高知识、技能和职业素养，并将主要内容记录下来。

1．你在“CA6140 普通车床故障诊断与排除”学习任务中学到了哪些知识和技能？简要记录在表 2-4-1 中。

表 2-4-1　本任务所学主要知识和技能

知识	技能

2．你所在的小组在检修工作过程中存在哪些不足？需如何改进？简要记录在表 2–4–2 中。

表 2–4–2　　不足之处及改进措施

不足之处	改进措施

3．进行班内、组内经验交流，并将要点记录在表 2–4–3 中。

表 2–4–3　　班内、组内经验交流记录

工作经验交流	合理化建议

二、成果展示

以小组为单位，选择演示文稿、展板、海报、视频等形式中的一种或几种，向全班展示、汇报学习成果。

三、综合评价

参考世界技能大赛的评价标准、理念，针对本任务的学习情况，根据表 2–4–4 所列综合评价标准进行评分。

表 2–4–4　综合评价

评价项目	评价内容及标准	配分	评分		
			自我评价	小组评价	教师评价
工作组织和管理	团队合作，合理计划，高效管理时间	3			
	定期检查工作进展和成果	3			
	保证高质量完成工作	4			
沟通能力	深度咨询客户，完全理解其要求	5			
	提供明确说明，为客户提供书面报告	5			
计划创新能力	定期检查工作，最小化问题	5			
	提出创新性、可行性建议，提高客户满意度	5			
故障诊断能力	根据设备控制要求，准确确定故障类型和范围	20			
	根据设备技术资料，正确分析故障原因	30			
故障排除能力	能正确使用、测试、校准测量设备	5			
	能按照国家标准完成设备线路维修	15			
学生姓名		综合评价得分			
指导教师		日期			

世赛知识

我国参赛选手的选拔

参加世界技能大赛代表国家形象，因此，必须确保选拔出最优秀的选手为国出征。

我国的选手选拔主要分为两个阶段。

第一个阶段是全国选拔。这个阶段类似于“海选”，在各地、各部门初赛的基础上，人力资源社会保障部组织开展世界技能大赛全国选拔赛，根据选手成绩，最终每个参赛项目约有 10 人入选国家集训队。

第二个阶段是集训选拔。这个阶段主要是依托世界技能大赛中国集训基地，对入选国家集训队的选手进行集训，并根据集训安排进行“十进五”“五进三”“三进二”“二进一”等阶段性考核选拔，最后选出 1 名最优秀的选手代表国家出征，可谓大浪淘沙。

可以说，最终代表国家出征的参赛选手，每一位都经历了层层选拔，经历了常人无法想象的艰苦历程。正因为如此，他们才能够凭借精湛的技艺和强大的心理素质，最终在国际技能竞赛的舞台上一展身手，取得优异成绩。

我国对世界技能大赛全国选拔赛的组织是非常严密的，每届世界技能大赛全国选拔赛开始前，人力资源社会保障部都会出台详细的《竞赛技术规则》，要求全国选拔赛本着公平、公正、公开的原则组织实施。

世界技能大赛全国选拔赛与我国的职业技能竞赛是紧密结合的。

我国职业技能竞赛始于 20 世纪 50 年代，具有广泛的群众基础，实行分级、分类管理，共分为国家、省和地市三级。

在以往职业技能竞赛基础上，为对接世界技能大赛，打造新时代全国性综合职业技能竞赛新品牌，健全职业技能竞赛体系，引领各地、各行业不断提升技能竞赛工作规模和质量，推动以赛促学、以赛促训、以赛促建，2020 年 12 月，我国在广东省广州市举办了中华人民共和国第一届职业技能大赛，来自全国各省（自治区、直辖市）、新疆生产建设兵团和有关行业的 36 个代表团共 2 557 名选手参加了比赛。本次大赛是新中国成立以来规格最高、项目最全、选手最多、影响最广的综合性、全国性技能竞赛盛会。

大赛共设置了 86 个竞赛项目，其中，63 个竞赛项目为世界技能大赛选拔项目，即作为第 46 届世界技能大赛全国选拔赛。在这些项目中，单人项目前 10 名、团队项目前 5 名选手入围第 46 届世界技能大赛中国集训队。

学习任务三　电动卷闸门故障诊断与排除

学习目标

1. 能通过设备维修任务单，明确工作内容及工期要求，勘察现场，与客户、设备操作人员等进行有效沟通，了解故障现象，准确获取任务信息。

2. 能查阅设备出厂资料和维修档案，识读电动卷闸门电气原理图，熟悉其功能、电力拖动特点和控制要求。

3. 能结合电动卷闸门电气控制线路原理图，运用逻辑分析法等方法分析故障范围。

4. 能根据任务需要确定人员分工，列举所需仪表、资料、材料、器材，明确工作安排和安全防护措施，合理制订工作计划并呈报。

5. 能按电业安全工作规程、工艺要求和场地情况，运用适当的方法综合分析故障状况，完成故障诊断与排除。

6. 能按相关技术指标使用仪表对恢复正常的设备进行检测，完成运行测试工作。

7. 能遵循健康和安全标准，遵循规章制度和安全生产程序，设置安全措施、使用适当的个人防护用品；能合理规划工作区域，最大限度地提高效率并保持工作区域的环境卫生。

8. 能规范填写设备维修任务单，交付验收，并归纳总结各类故障状态下电气控制线路维修方法和要点。

9. 能以小组形式，对学习过程和实训成果进行汇报总结，完成对学习过程的综合评价。

建议学时

40 学时

工作情境描述

某加工厂生产车间的电动卷闸门出现故障，不能正常关闭，影响车间的正常工作和安全，需尽快维修。经初步检查，判断为电气控制线路故障。现该项维修任务交由维修班完成，需电气维修人员通过现场勘察，熟悉电动卷闸门相关技术资料，准确判断故障原因，并使用正确的方法及时排除故障，使其正常运转，保障车间正常开展工作。

工作流程与活动

1．明确工作任务（6 学时）

2．施工前的准备（12 学时）

3．现场施工（18 学时）

4．工作总结与评价（4 学时）

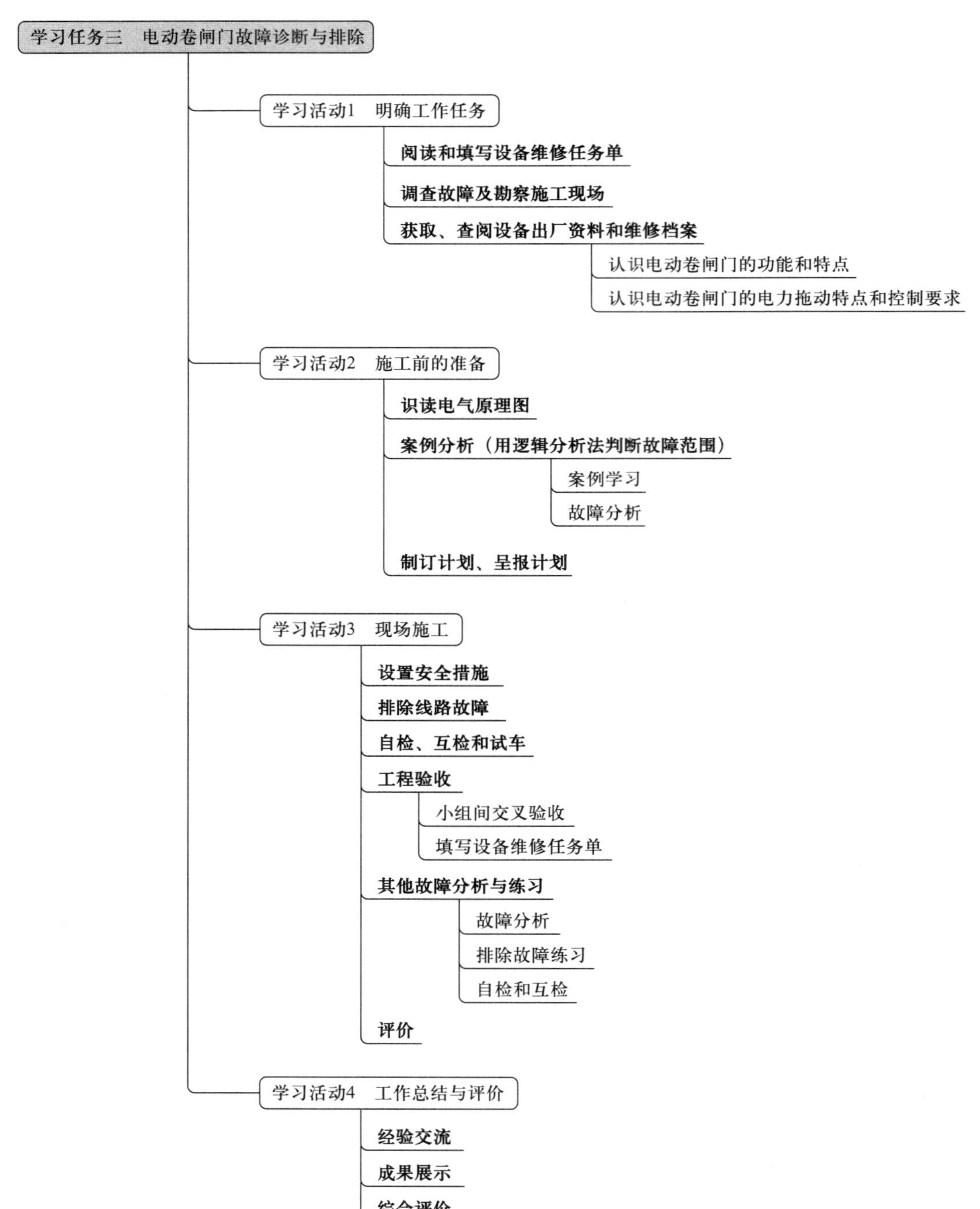
学习任务三　电动卷闸门故障诊断与排除
学习活动1　明确工作任务
阅读和填写设备维修任务单
调查故障及勘察施工现场
获取、查阅设备出厂资料和维修档案
认识电动卷闸门的功能和特点
认识电动卷闸门的电力拖动特点和控制要求
学习活动2　施工前的准备
识读电气原理图
案例分析（用逻辑分析法判断故障范围）
案例学习
故障分析
制订计划、呈报计划
学习活动3　现场施工
设置安全措施
排除线路故障
自检、互检和试车
工程验收
小组间交叉验收
填写设备维修任务单
其他故障分析与练习
故障分析
排除故障练习
自检和互检
评价
学习活动4　工作总结与评价
经验交流
成果展示
综合评价

学习活动 1　明确工作任务

学习目标

1. 能通过设备维修任务单，明确工作内容及工期要求。

2. 能通过勘察现场，与客户、设备操作人员等进行有效沟通，了解故障现象，分析故障范围。

3. 能查阅设备出厂资料和维修档案，识读电动卷闸门电气原理图，熟悉其功能、电力拖动特点和控制要求。

建议学时：6 学时

学习过程

一、阅读和填写设备维修任务单

认真阅读工作情境描述，查阅相关资料，依据工作情境的描述或现场勘察结果，填写设备维修任务单（表 3-1-1）“报修记录”部分。

表 3-1-1　设备维修任务单

报修记录					
报修部门	加工车间	报修人	×××	报修时间	2022 年 4 月 10 日
报修级别	特急☐　急☑　一般☐		希望完工时间	2022 年 4 月 11 日以前	
故障设备	电动卷闸门	设备编号	003	故障时间	2022 年 4 月 10 日
故障状况	某加工车间的一台电动卷闸门不能正常关闭，经维修班组长初步检查，判断为电气控制线路故障引起，需要对其电气线路进行检修				

续表

<table>
<tr><th colspan="6">维修记录</th></tr>
<tr><td>接单人及时间</td><td colspan="2"></td><td>预定完工时间</td><td colspan="2"></td></tr>
<tr><td>派工</td><td colspan="5"></td></tr>
<tr><td>故障原因</td><td colspan="5"></td></tr>
<tr><td>维修类别</td><td colspan="5">小修□　　中修□　　大修□</td></tr>
<tr><td>维修情况</td><td colspan="5"></td></tr>
<tr><td>维修起止时间</td><td colspan="2"></td><td>工时总计</td><td colspan="2"></td></tr>
<tr><td>耗材名称</td><td>规格</td><td>数量</td><td>耗材名称</td><td>规格</td><td>数量</td></tr>
<tr><td></td><td></td><td></td><td></td><td></td><td></td></tr>
<tr><td></td><td></td><td></td><td></td><td></td><td></td></tr>
<tr><td></td><td></td><td></td><td></td><td></td><td></td></tr>
<tr><td>维修人员建议</td><td colspan="5"></td></tr>
<tr><th colspan="6">验收记录</th></tr>
<tr><td rowspan="2">验收部门</td><td>维修开始时间</td><td></td><td>完工时间</td><td colspan="2"></td></tr>
<tr><td>维修结果</td><td colspan="4">验收人：　　日期：</td></tr>
<tr><td colspan="2">设备部门</td><td colspan="4">验收人：　　日期：</td></tr>
</table>

二、调查故障及勘察施工现场

1．与客户和设备操作人员沟通故障前后有哪些异常并记录。

答：向在场设备操作人员询问情况，包括：以往有无发生过同样或类似的故障，曾做过何种处理，有无更改过接线或更换过零件等；故障发生前有什么征兆，故障发生时有什么现象，当时的天气状况如何，电压是否太高或太低；故障外部表现、大致部位、发生故障时的环境情况，如有无异常气体，明火、热源是否接近设备，有无腐蚀性气体侵入、有无漏水；如果故障发生在有关操作期间或之后，还应询问当时的操作内容以及方法步骤。

2．电动机采用了什么样的控制方式？

答：电动机采用的是双重连锁正反转带限位保护控制电路。

3．根据故障调查的实际需要，可进行通电试车。如果要进行该项工作，应该满足的前提条件和注意事项是什么？

答：通过初步检查，确认不会使故障进一步扩大和造成人身、设备事故后，可进一步试车检查。试车时要注重观察有无严重跳火、异常气味、异常声音等现象，一经发现应立即停车，切断电源。注意检查设备的温升及设备的动作程序是否符合电气设备原理图的要求，从而发现故障部位。

4．观察控制电路结构，其中包括哪些元器件？将其型号、规格、数量等信息记录在表 3–1–2 中。

表 3–1–2　元器件型号、规格、数量

序号	名称	型号与规格	单位	数量	备注
1	组合开关	HZ2–60/3	个	1	
2	螺旋式熔断器	RL1–60/25	个	3	
3	螺旋式熔断器	RL1–15/2	个	2	
4	交流接触器	CJT1–20	个	3	
5	热继电器	JR36–20	个	1	
6	按钮	LA4–3H	个	1	
7	行程开关	JLXK1–311	个	2	
8	端子板	TD–AZ1	个	1	

5．观察施工现场各类标牌、间距、隔离等的设置情况，做好记录，为后续施工做好准备。

三、获取、查阅设备出厂资料和维修档案

电动卷闸门采用电力拖动，门体轻便灵活，上下行程由限位开关自动控制，操作方便，安全可靠，停电时还可手动操作。图 3–1–1 所示为某加工车间的电动卷闸门，其控制电路采用了双重连锁正反转带限位保护控制电路。

图 3–1–1 电动卷闸门

双重连锁正反转带限位保护控制电路是通过两台接触器交替工作，实现电动机的正反转，使卷闸门自动开启或关闭，通过行程开关配合机械传动机构对卷闸门进行限位保护。

查阅相关资料，了解电动卷闸门和双重连锁正反转带限位保护控制电路的相关知识，初步识读获取到的相关图纸，回答以下问题。

1．主电路和控制电路中各供电电路采用了什么保护措施？保护器件是哪个？

答：接触器 KM 作为欠压、失压保护，熔断器 FU1 和 FU2 作为短路保护，热继电器 KH 作为过载保护，行程开关 SQ1、SQ2 作为限位保护。

2．电动卷闸门的电力拖动特点及控制要求是什么？

答：电力拖动特点如下。

电动卷闸门的升降是利用两个接触器和一个三联按钮控制，接触器启动吸合后自保，电动机拖动机械部件运动，当运动到预定位置时挡块碰撞行程开关限位，电动机断电停止，因此采用带限位的正反转控制线路。

控制要求如下。

（1）合上空气开关接通三相电源。

（2）按下启动按钮，电动机正向运行。电动机拖动机械部件运动，当运动到预定位置时挡块碰撞行程开关，电动机断电停止。

（3）按下启动按钮，电动机反向运行。电动机拖动机械部件运动，当运动到预定位置时挡块碰撞行程开关，电动机断电停止。

（4）在运行的过程中只要按下停止按钮控制电路立即断电，接触器断电主触头释放，电动机停止运行。

学习活动 2　施工前的准备

学习目标

1. 能识读电动卷闸门电气控制线路原理图，运用逻辑分析法等方法分析故障范围。

2. 能根据任务需要确定人员分工，列举所需仪表、资料、材料、器材，明确工作安排和安全防护措施，合理制订工作计划并呈报。

建议学时：12 学时

学习过程

一、识读电气原理图

参考资料
电力拖动控制线路与技能训练（第六版）
第二单元课题 5　三相笼型异步电动机的正反转控制线路

图 3-2-1 所示为电动卷闸门电气控制线路的电气原理图。在教师的指导下，分析其工作原理，将以下分析过程补充完整。

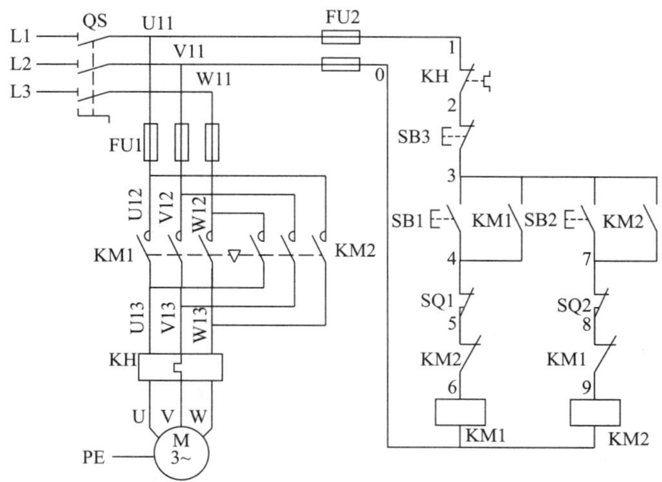

图 3-2-1　电动卷闸门电气控制线路的电气原理图

线路的工作原理叙述如下。

先合上电源开关 QS。

1．卷闸门开启

按下 SB1 → KM1 线圈得电→ KM1（8–9）<u>分断</u>，对 KM2 连锁

→ KM1（3–4）<u>闭合自锁</u>

→ KM1 <u>主触头闭合</u>→电动机 M 启动连续正转→卷闸门开启

卷闸门移至限定位置，挡铁 1 碰撞位置开关 SQ1 → SQ1（4–5）<u>断开</u>→ KM1 线圈失电→ KM1 <u>主触头断开</u>，电动机 M 失电停转，卷闸门停止运动。

此时，即使再按下 SB1，由于 SQ1 常闭触头已分断，接触器 KM1 线圈也不会得电，保证了卷闸门不会超过 SQ1 所在位置。

2．卷闸门关闭

按下 SB2 → KM2 线圈得电→ KM2（5–6）<u>分断</u>，对 KM1 连锁

→ KM2（3–7）<u>闭合自锁</u>

→ KM2 <u>主触头闭合</u>→电动机 M 启动连续反转→卷闸门关闭

卷闸门移至限定位置，挡铁 2 碰撞位置开关 SQ2 → SQ2（7–8）<u>断开</u>→ KM2 线圈失电→ KM2 <u>主触头断开</u>，电动机 M 失电停转，卷闸门停止运动。

急停时只需要按下 SB3 即可。

最后切断电源开关 QS。

二、案例分析（用逻辑分析法判断故障范围）

【案例】

故障现象：按下 SB1 按钮，接触器 KM1 线圈不吸合。

故障检修流程如下。

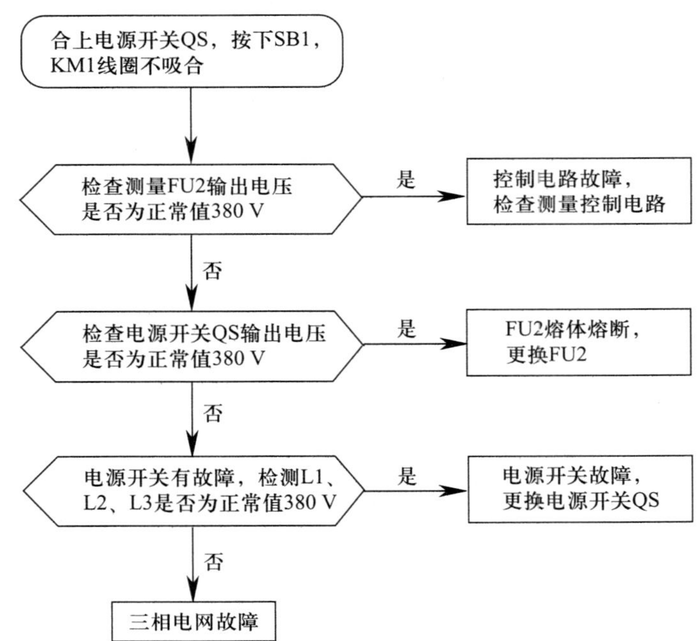

结合现场勘察情况，分析本任务可能的故障原因，以及进一步检查的部位，为制订检修计划和排除故障做好准备。将分析结果填入表 3-2-1。

表 3-2-1　故障分析

故障现象	可能的故障原因	待查部位和检查内容
电动卷闸门不能正常关闭	按下 SB2，KM2 不吸合则故障在控制回路，KM2 吸合则故障在主回路	KM2 不吸合：可检查热继电器触头 KH 是否动作后未复位；熔断器 FU2 是否熔断。如果没有问题，检查接触器 KM2 线圈回路的电压是否正常（380 V），从而分析判断是电源的问题，接触器线圈烧坏，还是某个触头接触不良或是回路中的连线有问题 KM2 吸合：用万用表检查接触器 KM2 主触头的输出端有无电压。如果没有电压，可再测量 KM2 主触头的输入端，如果还没有电压，则可判断是 KM2 输入端的连线有问题；如果 KM1 输入端有电压，则是由于 KM1 的主触头接触不良；如果接触器 KM1 的输出端有电压，则应检查 KM2 输出端到电动机 M1 进线端之间的电压有无问题

三、制订计划、呈报计划

在检修故障时应该遵循“观察和调查故障现象→分析故障原因→确定故障的具体部位→排除故障→检验试车”的步骤。依此，制订故障检修工作计划并按流程呈报计划书。

“电动卷闸门故障诊断与排除”工作计划书

1．人员分工

（1）小组负责人：　×××　

（2）小组成员及分工

姓名	分工
×××	安全员
×××	材料员
×××	绘图员
×××	施工员

2．工具及材料清单

<table>
<tr><td>工具</td><td colspan="5">电工通用工具（1套）、专用工具（如手电钻、压线钳、各种扳手等）</td></tr>
<tr><td>仪表</td><td colspan="5">兆欧表（500 V）、钳形电流表、万用表</td></tr>
<tr><td>资料</td><td colspan="5">任务单、出厂资料、维修档案、施工图纸、维修计划模板、维修记录模板、电业安全操作规程、电工手册、电气安装施工规范等资料</td></tr>
<tr><td>材料</td><td colspan="5">导线、控制器件、保护器件、线槽、线管、绝缘材料、劳保用品、安全警示牌、警戒围栏</td></tr>
<tr><td rowspan="8">器材</td><td>代号</td><td>名称</td><td>型号</td><td>规格</td><td>数量</td></tr>
<tr><td>QS</td><td>组合开关</td><td>HZ2-60/3</td><td>380 V、25 A</td><td>1</td></tr>
<tr><td>FU1</td><td>螺旋式熔断器</td><td>RL1-60/25</td><td>380 V、60 A、熔体 25 A</td><td>3</td></tr>
<tr><td>FU2</td><td>螺旋式熔断器</td><td>RL1-15/2</td><td>380 V、15 A、熔体 2 A</td><td>2</td></tr>
<tr><td>KM1、KM2</td><td>交流接触器</td><td>CJT1-20</td><td>20 A、线圈电压 380 V</td><td>2</td></tr>
<tr><td>KH</td><td>热继电器</td><td>JR36-20</td><td>三极、20 A、热元件 11 A、整定电流 8.8 A</td><td>1</td></tr>
<tr><td>SB1、SB2、SB3</td><td>按钮</td><td>LA4-3H</td><td>保护式、按钮数为 3</td><td>1</td></tr>
<tr><td>SQ1 ～ SQ2</td><td>行程开关</td><td>JLXK1-311</td><td>直动式</td><td>2</td></tr>
</table>

3．工序及工期安排

序号	工作内容	完成时间	备注
1	观察和调查故障现象		
2	分析故障原因		
3	确定故障的具体部位		
4	排除故障		
5	检验试车		

4．安全防护措施

（1）设立专职安全员，团队协作，一人检修一人监护。

（2）遵循健康和安全标准，使用适当的个人防护用品（安全鞋、护目镜等）。

（3）合理规划工作区域，最大限度地提高效率并保持工作区域的环境卫生。

（4）安全使用维修工具和仪器仪表，使用完毕应清理干净，正确存放。

（5）在上电前要确保人身、设备安全，通电测试必须按要求完成每一种功能的检测，以确保设备正确运行，达到功能控制要求。

学习活动3　现 场 施 工

学习目标

1. 能按电业安全工作规程、工艺要求和场地情况，运用观察法、替换法、测量法等多种方法综合分析故障状况，熟练使用测试工具、测量设备诊断故障，并能用正确方法排除故障。

2. 能按相关技术指标使用仪表对恢复正常的设备进行检测，并完成运行测试工作。

3. 能遵循健康和安全标准，遵循规章制度和安全生产程序，设置安全措施、使用适当的个人防护用品；能合理规划工作区域，最大限度地提高效率并保持工作区域的环境卫生。

4. 能规范填写设备维修任务单，交付验收，并归纳总结各类故障状态下电气控制线路维修方法和要点。

建议学时：18 学时

学习过程

一、设置安全措施

参照学习任务一中所学内容，根据本任务的实际情况，需要设置哪些安全措施？和前面的学习任务相比，是否相同？如有不同，具体包括哪些？为什么？

答：（1）设立专职安全员，团队协作，一人检修一人监护。

（2）遵循健康和安全标准，使用适当的个人防护用品（安全鞋、护目镜等）。

（3）合理规划工作区域，最大限度地提高效率并保持工作区域的环境卫生。

（4）安全使用维修工具和仪器仪表，使用完毕应清理干净，正确存放。

（5）在上电前要确保人身、设备安全，通电测试必须按要求完成每一种功能的检测，以确保设备正确运行，达到功能控制要求。

二、排除线路故障

1. 根据上一活动中的初步判断，采用适当的检查方法，找出故障点并排除。在排除故障过程中，严格执行安全操作规范，文明作业、安全作业，将检修过程记录在表 3–3–1 中。

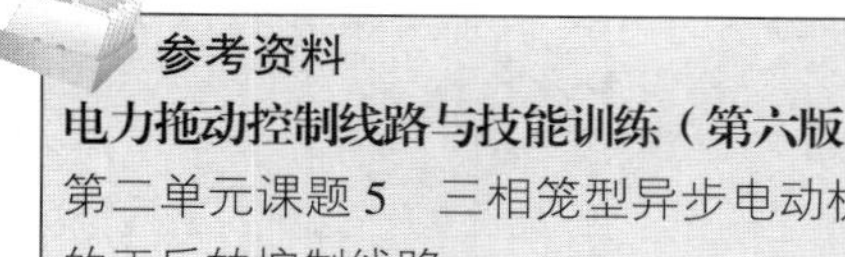
参考资料
电力拖动控制线路与技能训练（第六版）
第二单元课题 5　三相笼型异步电动机的正反转控制线路

表 3–3–1　　线路故障排除记录

步骤	测试内容	测试结果	结论和下一步措施
1	按下 SB1，KM2 不吸合	KM2 不吸合：可检查热继电器触头 KH 是否动作后未复位，熔断器 FU2 是否熔断。如果没有问题，接触器 KM2 线圈回路的电压是否正常（380 V），从而判断是电源的问题，接触器线圈烧坏，还是某个触头接触不良，或是回路中的连线有问题	接触器 KM2 线圈烧坏，需更换或修复
2	按下 SB1，KM2 吸合	KM2 吸合：用万用表检查接触器 KM2 主触头的输出端有无电压	如果没有电压，可再测量 KM2 主触头的输入端，如果还没有电压，可以判断是 KM2 输入端的连线有问题；如果 KM1 输入端有电压，可以判断是 KM1 的主触头接触不良；如果接触器 KM1 的输出端有电压，可以判断是 KM2 输出端到电动机 M1 进线端之间有问题

2. 故障排除后，应当做哪些工作?

答：设备故障维修结束，设备维修人员要在设备维修任务单上填写“维修记录”部分的内容，然后由维修员及报修人对设备故障维修状况进行确认，对设备进行试运行，确认设备故障已排除，并在设备维修任务单上填写“验收记录”部分的内容。

三、自检、互检和试车

故障检修完毕后，在教师允许下通电试车，在小组内进行自检、互检，在表 3–3–2 中记录自检和互检的情况。

表 3–3–2　自检和互检记录

故障范围是否正确		检修方法是否正确		是否修复故障	
自检	互检	自检	互检	自检	互检

四、工程验收

1．在验收阶段，各小组派出代表进行交叉验收，将发现的问题记录在表 3–3–3 中。

表 3–3–3　验收过程问题记录表

验收问题记录	整改措施	完成时间	备注

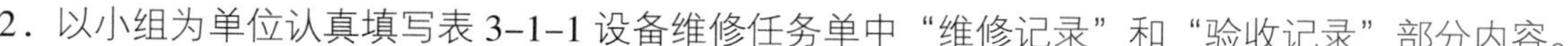

2．以小组为单位认真填写表 3-1-1 设备维修任务单中“维修记录”和“验收记录”部分内容。

五、其他故障分析与练习

1．除了本任务工作情境中涉及的故障现象，实际工作中，还可能出现其他各式各样的故障现象。表 3-3-4 列出了几种典型的故障现象，查询相关资料，分析故障原因，判断故障范围，简述处理方法，记录在表 3-3-4 中，并在教师指导下进行实际排除故障训练。

表 3-3-4　　典型故障示例

故障现象描述	故障范围	故障原因	处理方法
按启动按钮 SB1 接触器不动作（KM1 不吸合）	判定电源正常，故障应在 KM1 的线圈回路中	（1）测量启动按钮按下是否通路或接触不良 （2）测量热继电器的常闭触点在复位状态时是否通路 （3）检查 KM1 的线圈是否损坏 （4）查找控制回路线束是否有烧断、虚接、机械损坏	（1）更换或拆开清理启动按钮触点 （2）更换热继电器或拆开清理触点 （3）更换 KM1 线圈
启动按钮按下后电动机运行，松开后电动机停止运行	KM1 自锁回路不通	KM1 常开端触点闭合状态是否通路或者连接导线脱落	（1）更换或拆开清理触点，有条件加辅助触点的可以外加辅助触点 （2）恢复连接导线
启动按钮 SB2 按下后接触器 KM2 动作，电动机不转	KM2	如果没有电压，可再测量 KM2 主触头的输入端，如果还没有电压，可以判断是 KM2 输入端的连线有问题；如果 KM1 输入端有电压，可以判断是 KM1 的主触头接触不良；如果接触器 KM1 的输出端有电压，可以判断是 KM2 输出端到电动机 M1 进线端之间有问题	更换 KM2 或恢复断点

2．排除故障训练完毕，在小组内进行自检和互检，根据测试内容，填写表 3-3-5。

表 3-3-5　　自检和互检记录

序号	故障现象	故障范围是否正确		检修方法是否正确		是否修复故障	
		自检	互检	自检	互检	自检	互检
1							
2							
3							

六、评价

参考世界技能大赛的评价标准、理念，以小组为单位，按照表 3-3-6 所示评价内容进行评分。

表 3-3-6　　评分表

评价内容		配分	是 / 否	得分
安全文明生产	施工过程中无违规操作	10		
	施工过程中始终保持场地整洁，施工结束后场地整理干净	2		
试车检查	无短路或接地错误	2		
	通电检查时安全操作	2		
	控制电路试车	3		
	主电路加电试车	3		
故障分析	标出最小故障范围	6		
	故障分析思路清楚	6		
故障排除	排除故障点	5		
	扩大故障范围或产生新的故障后，自行修复	5		
	不损坏电动机或工具	6		
	不损坏元器件	6		
	排除故障方法正确	5		
终端恢复	配电箱所有导线恢复牢固且正确终止，无露铜	2		
	配电箱布线恢复整齐美观	2		
功能恢复	设备正常运转无故障	30		
	故障未排除的，及时独立发现问题并解决	5		
合计				

学习活动 4　工作总结与评价

学习目标

1. 能以小组形式对学习过程和实训成果进行汇报总结。

2. 完成对学习过程的综合评价。

建议学时：4 学时

学习过程

一、经验交流

任务完成后，进行班内、组内交流，总结经验，提高知识、技能和职业素养，并将主要内容记录下来。

1．你在“电动卷闸门故障诊断与排除”学习任务中学到了哪些知识和技能？简要记录在表 3–4–1 中。

表 3–4–1　本任务所学主要知识和技能

知识	技能

2．你所在的小组在检修工作过程中存在哪些不足？需如何改进？简要记录在表 3–4–2 中。

表 3–4–2 不足之处及改进措施

不足之处	改进措施

3．进行班内、组内经验交流，并将要点记录在表 3–4–3 中。

表 3–4–3 班内、组内经验交流记录

工作经验交流	合理化建议

二、成果展示

以小组为单位，选择演示文稿、展板、海报、视频等形式中的一种或几种，向全班展示、汇报学习成果。

三、综合评价

参考世界技能大赛的评价标准、理念，针对本任务的学习情况，根据表 3-4-4 所列综合评价标准进行评分。

表 3-4-4　　综合评价

<table>
<tr><th rowspan="2">评价项目</th><th rowspan="2">评价内容及标准</th><th rowspan="2">配分</th><th colspan="3">评分</th></tr>
<tr><th>自我评价</th><th>小组评价</th><th>教师评价</th></tr>
<tr><td rowspan="3">工作组织和管理</td><td>团队合作，合理计划，高效管理时间</td><td>3</td><td></td><td></td><td></td></tr>
<tr><td>定期检查工作进展和成果</td><td>3</td><td></td><td></td><td></td></tr>
<tr><td>保证高质量完成工作</td><td>4</td><td></td><td></td><td></td></tr>
<tr><td rowspan="2">沟通能力</td><td>深度咨询客户，完全理解其要求</td><td>5</td><td></td><td></td><td></td></tr>
<tr><td>提供明确说明，为客户提供书面报告</td><td>5</td><td></td><td></td><td></td></tr>
<tr><td rowspan="2">计划创新能力</td><td>定期检查工作，最小化问题</td><td>5</td><td></td><td></td><td></td></tr>
<tr><td>提出创新性、可行性建议，提高客户满意度</td><td>5</td><td></td><td></td><td></td></tr>
<tr><td rowspan="2">故障诊断能力</td><td>根据设备控制要求，准确确定故障类型和范围</td><td>20</td><td></td><td></td><td></td></tr>
<tr><td>根据设备技术资料，正确分析故障原因</td><td>30</td><td></td><td></td><td></td></tr>
<tr><td rowspan="2">故障排除能力</td><td>能正确使用、测试、校准测量设备</td><td>5</td><td></td><td></td><td></td></tr>
<tr><td>能按照国家标准完成设备线路维修</td><td>15</td><td></td><td></td><td></td></tr>
<tr><td>学生姓名</td><td></td><td colspan="2">综合评价得分</td><td colspan="2"></td></tr>
<tr><td>指导教师</td><td></td><td colspan="2">日期</td><td colspan="2"></td></tr>
</table>

世赛知识

世界技能大赛项目分类

世界技能大赛共包括六大类竞赛项目，每个大类下细分了若干具体的项目，每届大赛略有不同。将于中国上海举行的第 46 届世界技能大赛共设立了 63 个竞赛项目，具体项目名称如下所示。

结构与建筑技术大类

创意艺术与时尚大类

3D数字游戏艺术 | 时装技术 | 花艺 | 平面设计技术 | 珠宝加工 | 商品展示技术

信息与通信技术大类

制造与工程技术大类

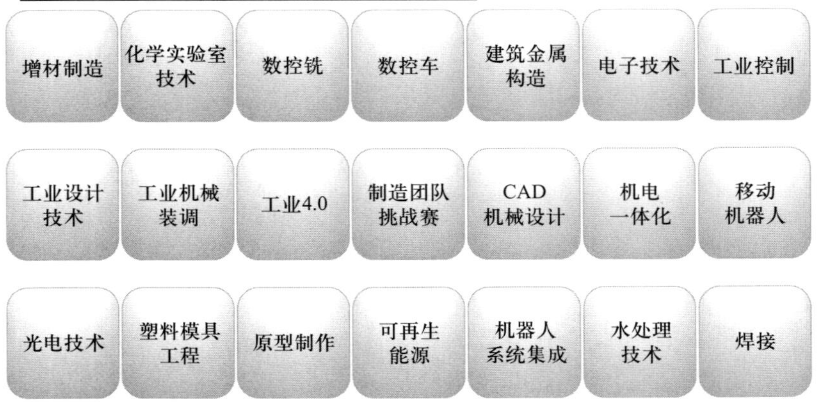

社会与个人服务大类

烘焙
美容
烹饪（西餐）
美发
健康与社会照护
酒店接待
糖艺/西点制作
餐厅服务

运输与物流大类

飞机维修
车身修理
汽车技术
汽车喷漆
货运代理
重型车辆维修
轨道交通技术

学习任务四 降压启动排烟风机故障诊断与排除

学习目标

1. 能通过设备维修任务单，明确工作内容及工期要求，勘察现场，与客户、设备操作人员等进行有效沟通，了解故障现象，准确获取任务信息。

2. 能查阅设备出厂资料和维修档案，识读降压启动排烟风机电气原理图，熟悉其功能、电力拖动特点和控制要求。

3. 能结合降压启动排烟风机电气控制线路原理图，运用逻辑分析法等方法分析故障范围。

4. 能根据任务需要确定人员分工，列举所需仪表、资料、材料、器材，明确工作安排和安全防护措施，合理制订工作计划并呈报。

5. 能按电业安全工作规程、工艺要求和场地情况，运用适当的方法综合分析故障状况，完成故障诊断与排除。

6. 能按相关技术指标使用仪表对恢复正常的设备进行检测，完成运行测试工作。

7. 能遵循健康和安全标准，遵循规章制度和安全生产程序，设置安全措施、使用适当的个人防护用品；能合理规划工作区域，最大限度地提高效率并保持工作区域的环境卫生。

8. 能规范填写设备维修任务单，交付验收，并归纳总结各类故障状态下电气控制线路维修方法和要点。

9. 能以小组形式，对学习过程和实训成果进行汇报总结，完成对学习过程的综合评价。

建议学时

40 学时

工作情境描述

某工厂生产车间的排烟风机使用中出现故障，故障现象为通电后可正常启动，但启动完成后即停机，不能正常工作。经初步了解和检查，该排烟风机采用降压启动方式运行，判断为电气控制线路故障。现该项维修任务交由维修班完成，需电气维修人员通过现场勘察，熟悉排烟风机的相关技术资料，理解降压启动控制线路的工作原理，准确判断故障原因，并使用正确的方法及时排除故障，使其能正常启动运行，保障车间正常开展工作。

工作流程与活动

1．明确工作任务（6 学时）

2．施工前的准备（12 学时）

3．现场施工（18 学时）

4．工作总结与评价（4 学时）

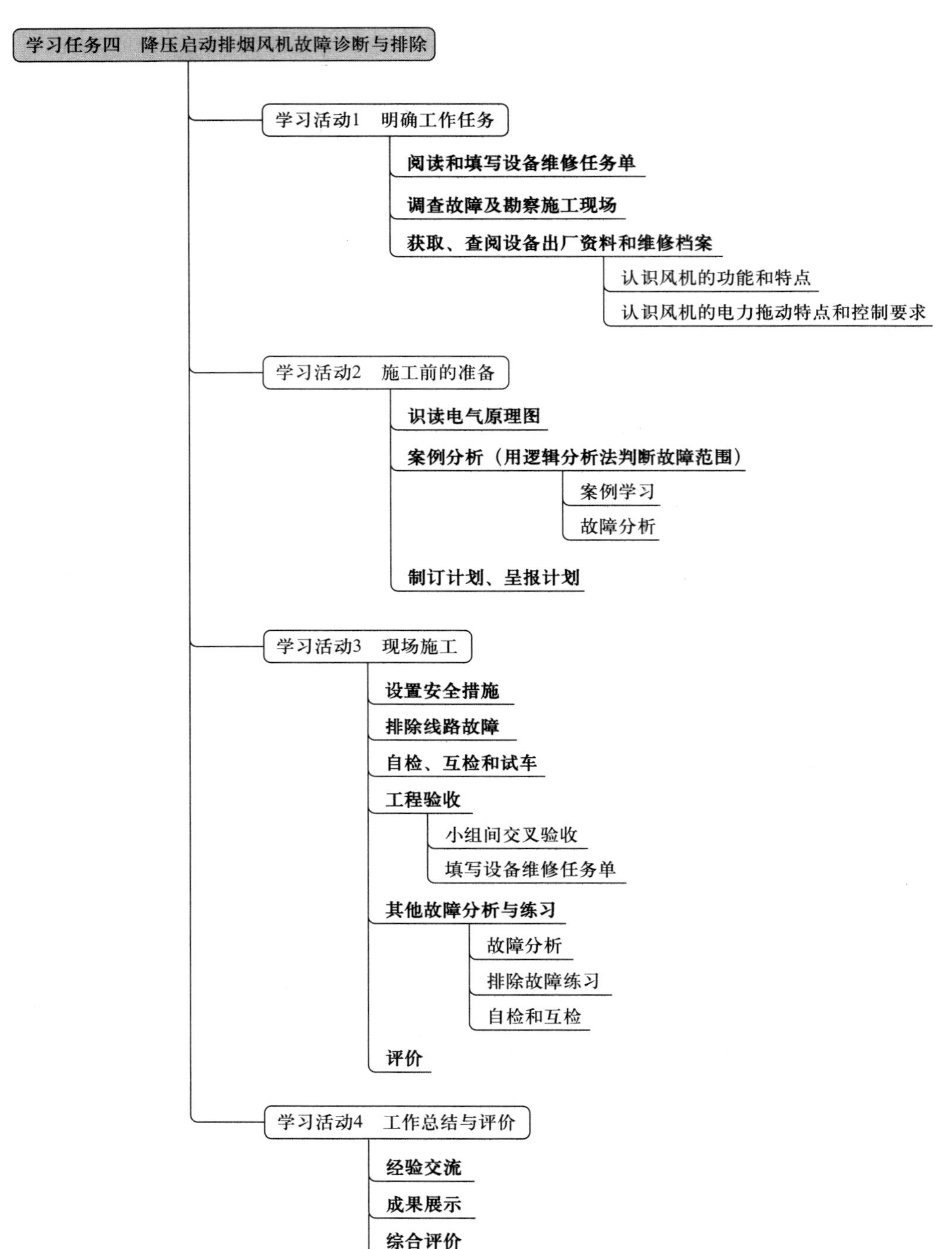
学习任务四　降压启动排烟风机故障诊断与排除
学习活动1　明确工作任务
阅读和填写设备维修任务单
调查故障及勘察施工现场
获取、查阅设备出厂资料和维修档案
认识风机的功能和特点
认识风机的电力拖动特点和控制要求
学习活动2　施工前的准备
识读电气原理图
案例分析（用逻辑分析法判断故障范围）
案例学习
故障分析
制订计划、呈报计划
学习活动3　现场施工
设置安全措施
排除线路故障
自检、互检和试车
工程验收
小组间交叉验收
填写设备维修任务单
其他故障分析与练习
故障分析
排除故障练习
自检和互检
评价
学习活动4　工作总结与评价
经验交流
成果展示
综合评价

学习活动1　明确工作任务

学习目标

1. 能通过设备维修任务单，明确工作内容及工期要求。

2. 能通过勘察现场，与客户、设备操作人员等进行有效沟通，了解故障现象，分析故障范围。

3. 能查阅设备出厂资料和维修档案，识读降压启动排烟风机电气原理图，熟悉其功能、电力拖动特点和控制要求。

建议学时：6学时

学习过程

一、阅读和填写设备维修任务单

认真阅读工作情境描述，查阅相关资料，依据工作情境的描述或现场勘察结果，填写设备维修任务单（表4–1–1）“报修记录”部分。

表4–1–1　设备维修任务单

报修记录					
报修部门	生产车间	报修人	×××	报修时间	2022年5月6日
报修级别	特急☐　急☐　一般☑		希望完工时间	2022年5月9日以前	
故障设备	风机	设备编号	004	故障时间	2022年5月6日
故障状况	某纺织厂生产车间的风机通电后正常启动，启动完成就停机，经维修班组长初步检查，判断为电气控制线路故障引起，需要对其电气线路进行检修				

续表

维修记录					
接单人及时间			预定完工时间		
派工					
故障原因					
维修类别	小修□		中修□	大修□	
维修情况					
维修起止时间			工时总计		
耗材名称	规格	数量	耗材名称	规格	数量
维修人员建议					

验收记录				
验收部门	维修开始时间		完工时间	
	维修结果	验收人： 日期：		
设备部门		验收人： 日期：		

二、调查故障及勘察施工现场

> **参考资料**
> **电力拖动控制线路与技能训练（第六版）**
> 第二单元课题 10　三相笼型异步电动机的Y－△降压启动控制线路

1．与客户、设备操作人员沟通故障前后有哪些异常并记录。

答：向在场设备操作人员询问情况，包括：以往有无发生过同样或类似的故障，曾做过何种处理，有无更改过接线或更换过零件等；故障发生前有什么征兆，故障发生时有什么现象，当时的天气状况如何，电压是否太高或太低；故障外部表现、大致部位、发生故障时的环境情况，如有无异常气体，明火、热源是否接近设备，有无腐蚀性气体侵入、有无漏水；如果故障发生在有关操作期间或之后，还应询问当时的操作内容以及方法步骤。

2．电动机采用了什么样的控制方式？为什么？

答：电动机采用的是星形－三角形降压启动方式。因为风机电动机功率较大，为避免启动电流大对电动机、电网的不良影响，因此采用降压启动。

3．对照实物，将图 4–1–1 所示Y－△降压启动器各部分的名称补充完整。

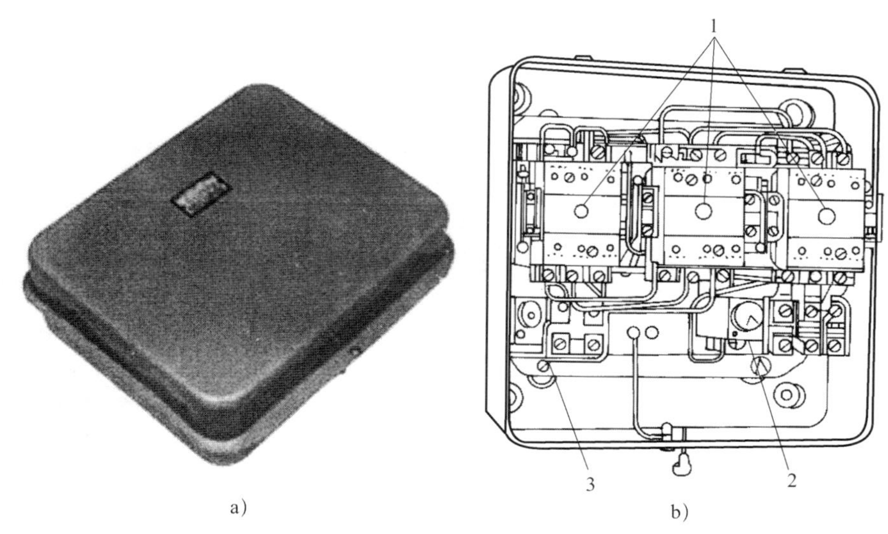

1— 接触器　2— 热继电器　3— 时间继电器

图 4–1–1　Y－△降压启动器的结构

4．将Y－△降压启动器内主要元器件的型号、规格、数量等信息记录在表 4–1–2 中。

表 4–1–2　元器件型号、规格、数量

序号	名称	型号与规格	单位	数量	备注
1	断路器	NM1–63S	个	1	
2	熔断器	RL1–60/25	个	3	
3	熔断器	RL1–15/2	个	2	
4	交流接触器	CJX2–1810/380 V	个	3	
5	时间继电器	JSZ3A–A	个	1	
6	热继电器	JR16B–20/3	个	1	
7	按钮	LA10	个	2	

5．观察施工现场各类标牌、间距、隔离等的设置情况，做好记录，为后续施工做好准备。

三、获取、查阅设备出厂资料和维修档案

风机是我国对气体压缩和气体输送机械的简称，是依靠输入的机械能提高气体压力并排送气体的机械，它是一种从动的流体机械。图 4–1–2 所示为管道轴流式通风机，其电动机外置，控制器采用了Y–△降压启动器。

Y–△降压启动控制线路的工作原理是按下启动按钮后，电动机的定子绕组接成星形降压启动，经过时间继电器延时后，再将电动机的定子绕组接成三角形全压运行。这种方法常用于大功率交流电动机的启动。

图 4–1–2　管道轴流式通风机

查阅资料了解相关知识，初步识读获取到的相关图纸，回答以下问题。

1．风机的用途是什么？有哪些特点？

答：风机广泛应用于工厂、矿井、隧道、冷却塔、车辆、船舶和建筑物的通风、排尘和冷却，用于锅炉和工业炉窑的通风和引风，用于空气调节设备和家用电器中的冷却和通风，用于谷物的烘干和选送，用于风洞风源和气垫船的充气和推进等。

风机是依靠输入的机械能提高气体压力并排送气体的机械，它是一种从动的流体机械。

2．主电路和控制电路中各供电电路采用了什么保护措施？保护器件是哪个？

答：接触器 KM 作为欠压、失压保护，熔断器 FU1 和 FU2 作为短路保护，热继电器 KH 作为过载保护。

3．风机的电力拖动特点及控制要求是什么？

答：风机的电力拖动特点如下。

风机电动机一般选用三相笼型异步电动机来拖动，电动机需要连续运转，因为风机电动机功率较大，为避免启动电流大对电动机、电网的不良影响，应采用星形–三角形降压启动控制线路。

控制要求如下。

（1）按下启动按钮，风机先采用星形接法实现降压启动。

（2）延时后，风机从星形接法换接成三角形接法全压运行。

（3）热继电器对电路进行过载保护。

学习活动 2　施工前的准备

学习目标

1. 能识读降压启动排烟风机电气控制线路原理图，运用逻辑分析法等方法分析故障范围。

2. 能根据任务需要确定人员分工，列举所需仪表、资料、材料、器材，明确工作安排和安全防护措施，合理制订工作计划并呈报。

建议学时：12 学时

学习过程

一、识读电气原理图

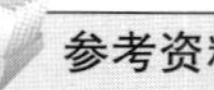

参考资料
电力拖动控制线路与技能训练（第六版）
第二单元课题 10　三相笼型异步电动机的Y－△降压启动控制线路

图 4-2-1 所示为Y－△降压启动控制线路的原理图。在教师的指导下，分析其工作原理，将以下分析过程补充完整。

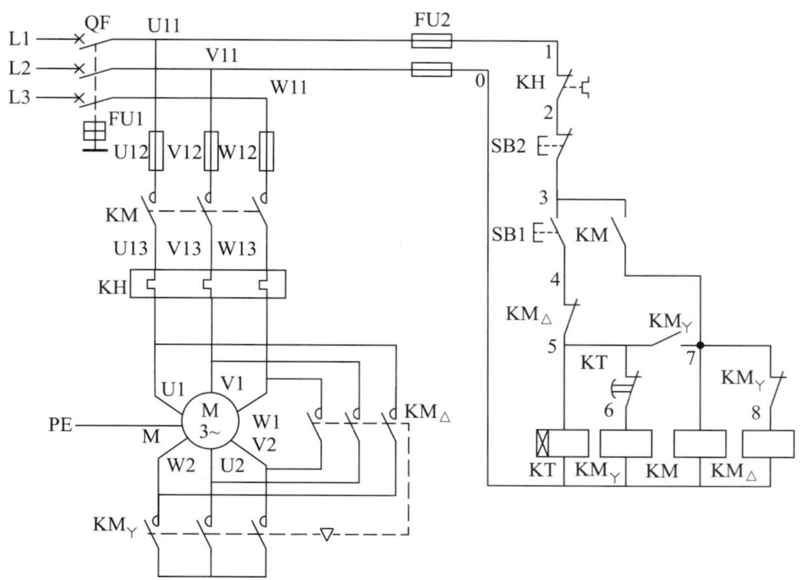

图 4-2-1　Y－△降压启动控制线路的原理图

Y－△降压启动控制线路由三个接触器、一个热继电器、一个时间继电器和两个按钮组成。当接触器 KM 和接触器 KM_Y同时得电工作时，电动机定子绕组接成 Y ，电动机工作状态为 减压启动 。当接触器 KM 和接触器 $KM_\triangle$同时得电工作时，电动机定子绕组接成 △ ，电动机工作状态为 全压启动 。

线路的工作原理如下。

降压启动时，先合上电源开关 QF。

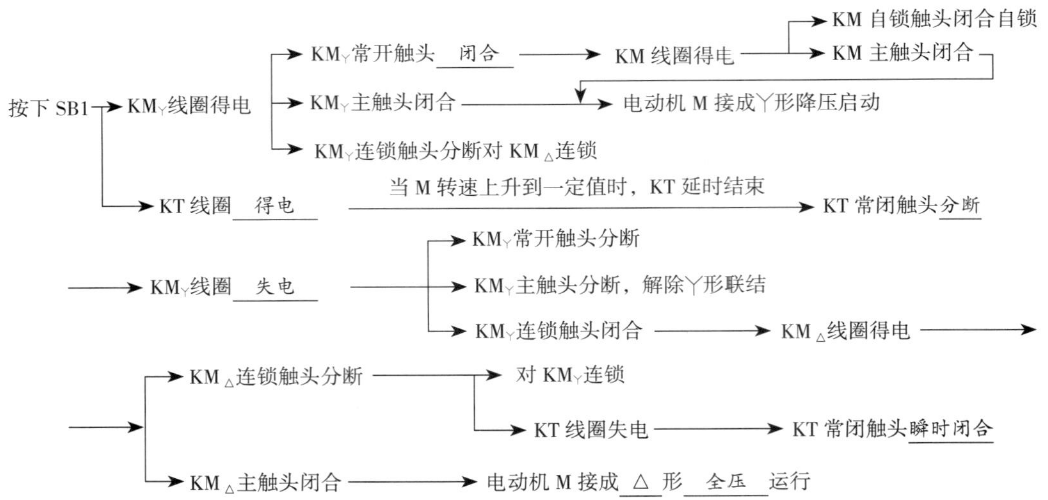

停止时，按下 SB2 即可。

最后关断电源开关 QF。

二、案例分析（用逻辑分析法判断故障范围）

【案例】

故障现象：按下 SB1 按钮，接触器 KM_Y线圈不吸合。

故障检修流程如下。

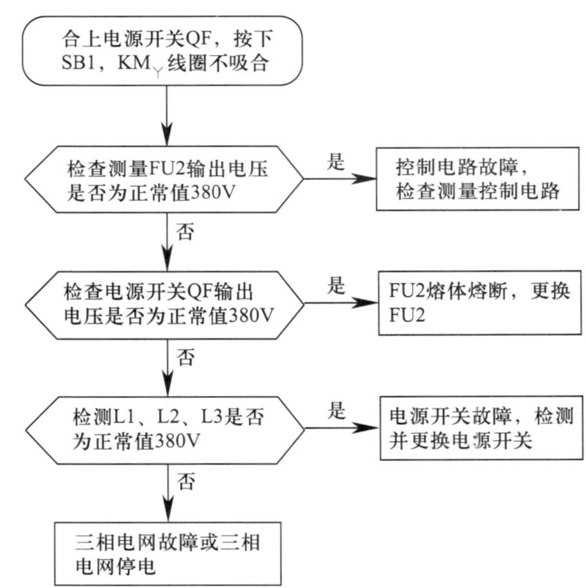

分析时，首先运用逻辑分析法判断故障范围，可避免盲目性，缩短检修时间，接着选用适当的检修方法，根据实际走线路径，依次在故障范围内逐点找出故障点，并排除故障。

结合现场勘察情况，分析本任务可能的故障原因，以及进一步检查的部位，为制订检修计划和排除故障做好准备。将分析结果填见表 4–2–1。

表 4–2–1　故障分析

故障现象	可能的故障原因	待查部位和检查内容
风机通电后正常启动，启动完成即停机	先检查接触器 $KM_{\triangle}$ 是否能吸合	如果 $KM_{\triangle}$ 不吸合，则表明接触器 $KM_{\triangle}$ 线圈烧坏，或是回路中的连线有问题，重点检查连锁触头 KM_{Y} 辅助常闭触头 如果 $KM_{\triangle}$ 吸合，则表明接触器 $KM_{\triangle}$ 主触头烧坏，或是回路中的连线有问题

三、制订计划、呈报计划

在检修故障时应该遵循“观察和调查故障现象→分析故障原因→确定故障的具体部位→排除故障→检验试车”的步骤。依此，制订故障检修工作计划并按流程呈报计划书。

“降压启动排烟风机故障诊断与排除”工作计划书

1．人员分工

（1）小组负责人：×××

（2）小组成员及分工

姓名	分工
×××	安全员
×××	材料员
×××	绘图员
×××	施工员

2．工具及材料清单

<table>
<tr><td>工具</td><td colspan="5">电工通用工具（1 套）、专用工具（如手电钻、压线钳、各种扳手等）</td></tr>
<tr><td>仪表</td><td colspan="5">兆欧表（500 V）、钳形电流表、万用表</td></tr>
<tr><td>资料</td><td colspan="5">任务单、出厂资料、维修档案、施工图纸、维修计划模板、维修记录模板、电业安全操作规程、电工手册、电气安装施工规范等资料</td></tr>
<tr><td>材料</td><td colspan="5">导线、控制器件、保护器件、线槽、线管、绝缘材料、劳保用品、安全警示牌、警戒围栏</td></tr>
<tr><td rowspan="9">器材</td><td>代号</td><td>名称</td><td>型号</td><td>规格</td><td>数量</td></tr>
<tr><td>QF</td><td>断路器</td><td>NM1-63S</td><td></td><td>1</td></tr>
<tr><td>FU1</td><td>熔断器</td><td>RL1-60/25</td><td>380 V、60 A、
熔体 25 A</td><td>3</td></tr>
<tr><td>FU2</td><td>熔断器</td><td>RL1-15/2</td><td>380 V、15 A、
熔体 2 A</td><td>2</td></tr>
<tr><td>KM、KM_{Y}、$\mathrm{KM}_{\triangle}$</td><td>交流接触器</td><td>CJX2-1810</td><td>线圈电压 380 V</td><td>3</td></tr>
<tr><td>KT</td><td>时间继电器</td><td>JSZ3A-A</td><td>线圈电压 380 V</td><td>1</td></tr>
<tr><td>KH</td><td>热继电器</td><td>JR16B-20/3</td><td>整定电流
10 ~ 16 A</td><td>1</td></tr>
<tr><td>SB1、SB2</td><td>按钮</td><td>LA10</td><td></td><td>2</td></tr>
</table>

3．工序及工期安排

序号	工作内容	完成时间	备注
1	观察和调查故障现象		
2	分析故障原因		
3	确定故障的具体部位		
4	排除故障		
5	检验试车		

4．安全防护措施

（1）设立专职安全员，团队协作，一人检修一人监护。

（2）遵循健康和安全标准，使用适当的个人防护用品（安全鞋、护目镜等）。

（3）合理规划工作区域，最大限度地提高效率并保持工作区域的环境卫生。

（4）安全使用维修工具和仪器仪表，使用完毕应清理干净，正确存放。

（5）在上电前要确保人身、设备安全，通电测试必须按要求完成每一种功能的检测，以确保设备正确运行，达到功能控制要求。

学习活动3　现 场 施 工

学习目标

1. 能按电业安全工作规程、工艺要求和场地情况，运用观察法、替换法、测量法等多种方法综合分析故障状况，熟练使用测试工具、测量设备诊断故障，并能用正确方法排除故障。

2. 能按相关技术指标使用仪表对恢复正常的设备进行检测，并完成运行测试工作。

3. 能遵循健康和安全标准，遵循规章制度和安全生产程序，设置安全措施、使用适当的个人防护用品；能合理规划工作区域，最大限度地提高效率并保持工作区域的环境卫生。

4. 能规范填写设备维修任务单，交付验收，并归纳总结各类故障状态下电气控制线路维修方法和要点。

建议学时：18 学时

学习过程

一、设置安全措施

参照学习任务一中所学内容，根据本任务的实际情况，需要设置哪些安全措施？和前面的学习任务相比，是否相同？如有不同，具体包括哪些？为什么？

答：（1）设立专职安全员，团队协作，一人检修一人监护。

（2）遵循健康和安全标准，使用适当的个人防护用品（安全鞋、护目镜等）。

（3）合理规划工作区域，最大限度地提高效率并保持工作区域的环境卫生。

（4）安全使用维修工具和仪器仪表，使用完毕应清理干净，正确存放。

（5）在上电前要确保人身、设备安全，通电测试必须按要求完成每一种功能的检测，以确保设备正确运行，达到功能控制要求。

二、排除线路故障

参考资料
电力拖动控制线路与技能训练（第六版）
第二单元课题 10　三相笼型异步电动机的Y－△降压启动控制线路

1．根据上一活动中的初步判断，采用适当的检查方法，找出故障点并排除。在排除故障过程中，严格执行安全操作规范，文明作业、安全作业，将检修过程记录在表 4–3–1 中。

表 4–3–1　线路故障排除记录

步骤	测试内容	测试结果	结论和下一步措施
1	按下 SB1，启动风机，观察 $KM_{\triangle}$是否吸合	$KM_{\triangle}$不吸合	接触器 $KM_{\triangle}$线圈烧坏或是回路中的连线有问题，重点检查连锁触头 KM_{Y}辅助常闭触头
2	可用万用表交流 500 V 挡逐级检查接触器 $KM_{\triangle}$线圈回路的电压是否正常（380 V），从而判断是接触器 KM1 线圈烧坏，或是 KM_{Y}辅助常闭触头断路，或是回路中的连线有问题	断开电源，用万用表电阻挡判定为 KM_{Y}辅助常闭触头断路	更换或修复 KM_{Y}

2．故障排除后，应当做哪些工作?

答：设备故障维修结束后，设备维修人员要在设备维修任务单上填写“维修记录”部分的内容，然后由维修员及报修人对设备故障维修状况进行确认，对设备进行试运行，确认设备故障已排除，并在设备维修任务单上填写“验收记录”部分的内容。

三、自检、互检和试车

故障检修完毕后，在教师允许下通电试车，在小组内进行自检、互检，在表 4–3–2 记录自检和互检的情况。

表 4–3–2　　自检和互检记录

故障范围是否正确		检修方法是否正确		是否修复故障	
自检	互检	自检	互检	自检	互检

四、工程验收

1．在验收阶段，各小组派出代表进行交叉验收，将发现的问题记录在表 4–3–3 中。

表 4–3–3　　验收过程问题记录表

验收问题记录	整改措施	完成时间	备注

2．以小组为单位认真填写表 4–1–1 设备维修任务单中“维修记录”和“验收记录”部分内容。

五、其他故障分析与练习

1．除了本任务工作情境中涉及的故障现象，实际工作中，还可能出现其他各式各样的故障现象。表 4–3–4 中列出了几种典型的故障现象，查询相关资料，分析故障原因，判断故障范围，简述处理方法，记录在表 4–3–4 中，并在教师指导下进行实际排除故障训练。

表 4–3–4　典型故障示例

故障现象描述	故障范围	分析原因	处理方法
按下启动按钮后，接触器不动作	判定电源正常，故障应在 KM 的线圈回路中	（1）测量启动按钮按下是否通路或接触不良 （2）测量热继电器的常闭触点在复位状态时是否通路 （3）检查 KM 的线圈是否损坏 （4）查找控制回路线束是否有烧断、虚接、机械损坏	（1）更换或拆开启动按钮，或者清理启动按钮触点 （2）更换热继电器或拆开清理触点 （3）更换 KM 的伐圈
按下启动按钮后，电动机运行，松开后电动机停止	KM 自锁回路不通	KM 常开端触点闭合状态是否通路或者连接导线脱落	（1）更换或拆开清理触点，有条件加辅助触点的可以外加辅助触点 （2）恢复连接导线
启动按钮按下后接触器 KM 动作，电动机不转	KM 或 KM_Y	（1）在主回路中，接触器主触点、电动机电源线是否断开 （2）KM_Y接触器未吸合	（1）更换 KM 或恢复断点 （2）查找原因并修复

2．排除故障训练完毕，在小组内进行自检和互检，根据测试内容，填写表 4–3–5。

表 4–3–5　自检和互检记录

序号	故障现象	故障范围是否正确		检修方法是否正确		是否修复故障	
		自检	互检	自检	互检	自检	互检
1							
2							
3							

六、评价

参考世界技能大赛的评价标准、理念，以小组为单位，按照表 4-3-6 所示评价内容进行评分。

表 4-3-6　　评分表

评价内容		配分	是 / 否	得分
安全文明生产	施工过程中无违规操作	10		
	施工过程中始终保持场地整洁，施工结束后场地整理干净	2		
试车检查	无短路或接地错误	2		
	通电检查时安全操作	2		
	控制电路试车	3		
	主电路加电试车	3		
故障分析	标出最小故障范围	6		
	故障分析思路清楚	6		
故障排除	排除故障点	5		
	扩大故障范围或产生新的故障后，自行修复	5		
	不损坏电动机或工具	6		
	不损坏元器件	6		
	排除故障方法正确	5		
终端恢复	配电箱所有导线恢复牢固且正确终止，无露铜	2		
	配电箱布线恢复整齐美观	2		
功能恢复	设备正常运转无故障	30		
	故障未排除的，及时独立发现问题并解决	5		
合计				

学习活动 4　工作总结与评价

学习目标

1. 能以小组形式对学习过程和实训成果进行汇报总结。
2. 完成对学习过程的综合评价。

建议学时：4 学时

学习过程

一、经验交流

任务完成后，进行班内、组内交流，总结经验，提高知识、技能和职业素养，并将主要内容记录下来。

1．你在“降压启动排烟风机故障诊断与排除”学习任务中学到了哪些知识和技能？简要记录在表 4–4–1 中。

表 4–4–1　本任务所学主要知识和技能

知识	技能

2．你所在的小组在检修工作过程中存在哪些不足，需如何改进？简要记录在表 4–4–2 中。

表 4–4–2　　不足之处及改进措施

不足之处	改进措施

3．进行班内、组内经验交流，并将要点记录在表 4–4–3 中。

表 4–4–3　　班内、组内经验交流记录

工作经验交流	合理化建议

二、成果展示

以小组为单位，选择演示文稿、展板、海报、视频等形式中的一种或几种，向全班展示、汇报学习成果。

三、综合评价

参考世界技能大赛的评价标准、理念，针对本任务的学习情况，根据表 4-4-4 所列综合评价标准进行评分。

表 4-4-4　　综合评价

评价项目	评价内容及标准	配分	评分		
			自我评价	小组评价	教师评价
工作组织和管理	团队合作，合理计划，高效管理时间	3			
	定期检查工作进展和成果	3			
	保证高质量完成工作	4			
沟通能力	深度咨询客户，完全理解其要求	5			
	提供明确说明，为客户提供书面报告	5			
计划创新能力	定期检查工作，最小化问题	5			
	提出创新性、可行性建议，提高客户满意度	5			
故障诊断能力	根据设备控制要求，准确确定故障类型和范围	20			
	根据设备技术资料，正确分析故障原因	30			
故障排除能力	能正确使用、测试、校准测量设备	5			
	能按照国家标准完成设备线路维修	15			
学生姓名		综合评价得分			
指导教师		日期			

世赛知识

中国加入世界技能组织

中国是在2010年加入世界技能组织的。可以说，当年召开的世界技能组织全体大会对于中国的技能发展具有里程碑意义。2010年10月3日至10日，中国代表团一行6人赴牙买加首都金斯敦参加了世界技能组织召开的2010年世界技能组织全体大会（以下简称“大会”）。大会于2010年10月7日表决通过，正式接纳中国加入世界技能组织，中国成为该组织的第53个成员。

时任人力资源社会保障部国际合作司副司长戴晓初作为中国在世界技能组织的行政代表在大会上发言，详细介绍了我国职业培训制度及职业技能竞赛的相关情况，并从时任世界技能组织主席杰克·杜塞尔多普的手中接过了世界技能组织成员证书。

谈及2010年牙买加会议的重要意义，时任人力资源社会保障部副部长王晓初说，中国加入世界技能组织，参加世界技能竞赛，有利于我国学习借鉴世界各国促进技能培训和开展技能竞赛的经验，推动国内职业技能竞赛活动的开展，营造学习技能人才、尊重技能人才、争当技能人才的良好社会氛围。同时，参加世界技能竞赛，可以构建职业技术交流国际平台，为我国优秀技能人才展示才华绝技、展现技能成果创造条件，对宣传我国高技能人才工作和人力资源能力建设的成果，扩大我国在职业培训领域的影响力，培养造就具有国际水平的高技能人才队伍具有重要意义。

学习任务五　M7130 平面磨床故障诊断与排除

学习目标

1. 能通过设备维修任务单，明确工作内容及工期要求，勘察现场，与客户、设备操作人员等进行有效沟通，了解故障现象，准确获取任务信息。

2. 能查阅设备出厂资料和维修档案，识读 M7130 平面磨床电气原理图，熟悉其结构、功能、主要运动形式和控制要求。

3. 能结合 M7130 平面磨床电气控制线路原理图，运用逻辑分析法等方法分析故障范围。

4. 能根据任务需要确定人员分工，列举所需仪表、资料、材料、器材，明确工作安排和安全防护措施，合理制订工作计划并呈报。

5. 能按电业安全工作规程、工艺要求和场地情况，运用适当的方法综合分析故障状况，完成故障诊断与排除。

6. 能按相关技术指标使用仪表对恢复正常的设备进行检测，完成运行测试工作。

7. 能遵循健康和安全标准，遵循规章制度和安全生产程序，设置安全措施、使用适当的个人防护用品；能合理规划工作区域，最大限度地提高效率并保持工作区域的环境卫生。

8. 能规范填写设备维修任务单，交付验收，并归纳总结各类故障状态下电气控制线路维修方法和要点。

9. 能以小组形式，对学习过程和实训成果进行汇报总结，完成对学习过程的综合评价。

40 学时

工作情境描述

某加工厂生产车间的一台 M7130 平面磨床在使用中出现电磁吸盘故障，其吸力不足。经初步检查，判断为电气控制线路故障。现该项维修任务交由维修班完成，需电气维修人员通过现场勘察，熟悉 M7130 平面磨床电气控制线路的工作原理，结合电气原理图、布置图、接线图等技术资料准确判断故障原因，并使用正确的方法及时排除故障，使其正常运转。

工作流程与活动

1．明确工作任务（6 学时）

2．施工前的准备（12 学时）

3．现场施工（18 学时）

4．工作总结与评价（4 学时）

- 学习任务五　M7130平面磨床故障诊断与排除
  - 学习活动1　明确工作任务
    - **阅读和填写设备维修任务单**
    - **调查故障及勘察施工现场**
    - **获取、查阅设备出厂资料和维修档案**
      - 认识M7130平面磨床的功能和组成
      - 认识M7130平面磨床的运动形式和控制要求
  - 学习活动2　施工前的准备
    - **识读电气原理图**
      - 主电路分析
      - 控制电路分析
      - 电磁吸盘电路分析
      - 照明电路分析
    - **案例分析（用逻辑分析法判断故障范围）**
      - 案例学习
      - 故障分析
    - **制订计划、呈报计划**
  - 学习活动3　现场施工
    - **设置安全措施**
    - **排除线路故障**
    - **自检、互检和试车**
    - **工程验收**
      - 小组间交叉验收
      - 填写设备维修任务单
    - **其他故障分析与练习**
      - 故障分析
      - 排除故障练习
      - 自检和互检
    - **评价**
  - 学习活动4　工作总结与评价
    - **经验交流**
    - **成果展示**
    - **综合评价**

学习活动 1　明确工作任务

学习目标

1. 能通过设备维修任务单，明确工作内容及工期要求。

2. 能通过勘察现场，与客户、设备操作人员等进行有效沟通，了解故障现象，分析故障范围。

3. 能查阅设备出厂资料和维修档案，识读 M7130 平面磨床电气原理图，熟悉其结构、功能、主要运动形式和控制要求。

建议学时：6 学时

学习过程

一、阅读和填写设备维修任务单

认真阅读工作情境描述，查阅相关资料，依据工作情境的描述或现场勘察结果，填写设备维修任务单（表 5–1–1）“报修记录”部分。

表 5–1–1　　设备维修任务单

<table>
<tr><th colspan="6">报修记录</th></tr>
<tr><td>报修部门</td><td>生产车间</td><td>报修人</td><td>×××</td><td>报修时间</td><td>2022 年 6 月 17 日</td></tr>
<tr><td>报修级别</td><td colspan="2">特急□　急□　一般☑</td><td>希望完工时间</td><td colspan="2">2022 年 6 月 20 日以前</td></tr>
<tr><td>故障设备</td><td>M7130 平面磨床</td><td>设备编号</td><td>磨 005</td><td>故障时间</td><td>2022 年 6 月 17 日</td></tr>
<tr><td>故障状况</td><td colspan="5">某加工厂生产车间 M7130 平面磨床加工时电磁吸盘出现故障，经维修班组长初步检查，判断为电气控制线路故障引起，需要对其电气线路进行检修</td></tr>
</table>

续表

<table>
<tr><th colspan="6">维修记录</th></tr>
<tr><td>接单人及时间</td><td colspan="2"></td><td>预定完工时间</td><td colspan="2"></td></tr>
<tr><td>派工</td><td colspan="5"></td></tr>
<tr><td>故障原因</td><td colspan="5"></td></tr>
<tr><td>维修类别</td><td colspan="5">小修□　　中修□　　大修□</td></tr>
<tr><td>维修情况</td><td colspan="5"></td></tr>
<tr><td>维修起止时间</td><td colspan="2"></td><td>工时总计</td><td colspan="2"></td></tr>
<tr><td>耗材名称</td><td>规格</td><td>数量</td><td>耗材名称</td><td>规格</td><td>数量</td></tr>
<tr><td></td><td></td><td></td><td></td><td></td><td></td></tr>
<tr><td></td><td></td><td></td><td></td><td></td><td></td></tr>
<tr><td></td><td></td><td></td><td></td><td></td><td></td></tr>
<tr><td>维修人员建议</td><td colspan="5"></td></tr>
<tr><th colspan="6">验收记录</th></tr>
<tr><td rowspan="2">验收部门</td><td>维修开始时间</td><td colspan="2"></td><td>完工时间</td><td></td></tr>
<tr><td>维修结果</td><td colspan="4">验收人：　　日期：</td></tr>
<tr><td colspan="2">设备部门</td><td colspan="4">验收人：　　日期：</td></tr>
</table>

二、调查故障及勘察施工现场

> 参考资料
> **电力拖动控制线路与技能训练（第六版）**
> 第三单元课题 3　M7130 型平面磨床电气控制线路

1．维修人员调查故障及勘察现场的主要内容包括哪些？

答：（1）向在场设备操作人员询问情况，包括：以往有无发生过同样或类似的故障，曾做过何种处理，有无更改过接线或更换过零件等；故障发生前有什么征兆，故障发生时有什么现象，当时的天气状况如何，电压是否太高或太低；故障外部表现、大致部位、发生故障时的环境情况，如有无异常气体，明火、热源是否接近设备，有无腐蚀性气体侵入、有无漏水；如果故障发生在有关操作期间或之后，还应询问当时的操作内容以及方法步骤。

（2）进行初步检查，有关设备外部有无损坏，连线有无断路、松动，绝缘有无烧焦，螺旋熔断器的熔断指示器是否跳出，有无进水、油垢，开关位置是否正确等。

（3）确认没有会使故障进一步扩大和造成人身、设备事故后，可进一步试车检查。试车时要注重观察有无严重跳火、异常气味、异常声音等现象，一经发现应立即停车，切断电源。注意检查设备的温升及设备的动作程序是否符合电气设备原理图的要求，从而发现故障部位。

2．观察控制箱的结构，其中包括哪些元器件？将其型号、规格、数量等信息记录在表 5–1–2 中。

表 5–1–2 元器件型号、规格、数量

序号	名称	型号与规格	单位	数量	备注
1	电源开关	HZ1–25/3	个	1	
2	转换开关	HZ1–10P/3	个	1	
3	照明开关	工作照明（带开关 SA）	个	1	
4	熔断器	RL1–60/30	个	3	
5	熔断器	RL1–15/2	个	3	
6	熔断器	BLX–1	个	1	
7	接触器	CJO–10	个	2	
8	热继电器	JR10–10	个	2	
9	整流变压器	BK–400	个	1	
10	照明变压器	BK–50	个	1	
11	硅整流器	GZH	个	1	
12	电磁磁盘	1.2A、110 V	个	1	
13	欠电流继电器	JT3–11L	个	1	
14	按钮	LA2	个	4	

3．观察施工现场各类标牌、间距、隔离等的设置情况，做好记录，为后续施工做好准备。

三、获取、查阅设备出厂资料和维修档案

在前一门“低压电气控制设备安装与调试”课程中已经学习了 M7130 平面磨床的基本知识，回顾所学内容，回答后面的引导问题。

在机械加工中，对零件表面的粗糙度要求较高时，需要用磨床进行加工，磨床是用砂轮的周边或端面对工件的表面进行机械加工的一种精密机床。磨床的种类很多，根据用途不同可分为平面磨床、内圆磨床、外圆磨床、无心磨床、工具磨床和齿轮磨床等。常用的 M7130 平面磨床外形如图 5-1-1 所示。

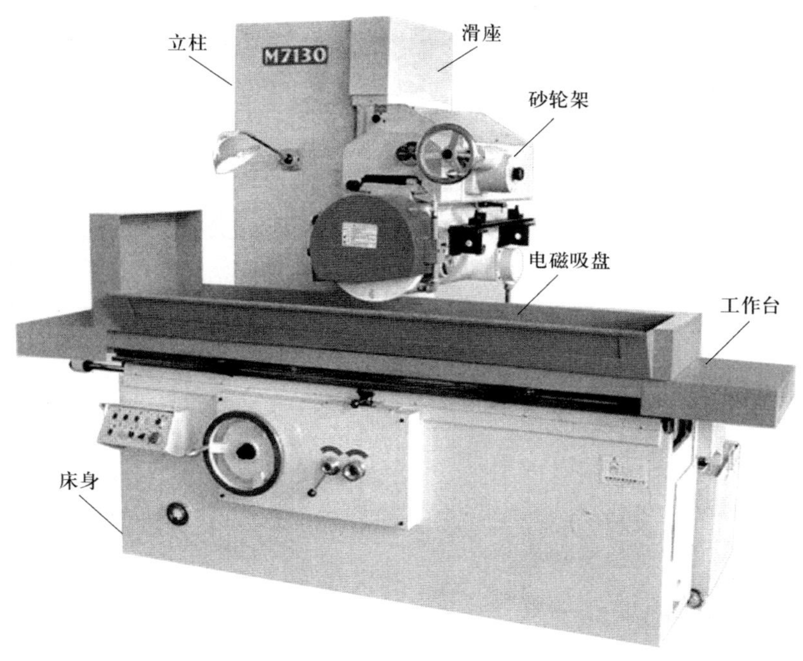

图 5-1-1　M7130 平面磨床的外形

1．M7130 平面磨床都能进行哪些机械加工？

答：M7130 平面磨床是以砂轮端面对工件进行磨削的，它不但能加工一般金属材料，而且能加工一般金属刀具难以加工的淬火钢、硬质合金等。

2．M7130 平面磨床由哪些部分组成？

答：M7130 平面磨床属于卧轴矩形工作台式平面磨床，主要由床身、工作台、电磁吸盘、砂轮架（又称磨头）、滑座和立柱等部分组成。

3．查阅相关资料，在表 5-1-3 中补全 M7130 平面磨床的运动形式及电力拖动控制要求。

表 5-1-3　　M7130 平面磨床运动形式及电力拖动控制要求

运动种类	运动形式	控制要求
主运动	砂轮的高速旋转	（1）采用两极笼型异步电动机 （2）采用装入式电动机，将砂轮直接装到电动机轴上 （3）采用直接启动，无须调速和制动
进给运动	工作台的往复运动（纵向进给）	（1）液压泵电动机 M3 拖动液压泵使工作台在液压作用下进行纵向往复运动 （2）由装在工作台前侧的换向挡铁碰撞床身上的液压换向开关控制工作台的进给方向
	砂轮架的前后运动（横向进给）	（1）在磨削的过程中，工作台每换向一次，砂轮架就横向进给一次 （2）在修正砂轮或调整砂轮的前后位置时，可连续横向移动 （3）砂轮架的横向进给运动既可由液压传动，又可由手轮来操作
	砂轮架的升降运动（垂直进给）	（1）滑座沿立柱导轨垂直升降运动，以调整砂轮架的上下位置，或改变砂轮磨削工件时的磨削量 （2）垂直进给运动通过操作手轮由机械传动装置实现
辅助运动	工件的夹紧与放松	（1）工件可以用螺钉和压板直接固定在工作台上 （2）要有充磁和退磁控制环节。电路中设有弱磁保护，当电磁吸盘吸力不足时，三台电动机随即停止
	工作台的快速移动	在纵向、横向和垂直三个方向的快速移动，由液压传动机构实现
	工件的冷却	冷却泵电动机 M2 拖动冷却泵旋转供给切削液；要求砂轮电动机 M1 和冷却泵电动机要实现顺序控制

学习活动 2　施工前的准备

学习目标

1. 能识读 M7130 平面磨床电气控制线路图，运用逻辑分析法等方法分析故障范围。

2. 能根据任务需要确定人员分工，列举所需仪表、资料、材料、器材，明确工作安排和安全防护措施，合理制订工作计划并呈报。

建议学时：12 学时

学习过程

一、识读电气原理图

识读 M7130 平面磨床电气控制线路图（图 5-2-1），分析各个控制环节的原理及作用，并回答下面的问题。

参考资料

电力拖动控制线路与技能训练（第六版）

第三单元课题 3　M7130 型平面磨床电气控制线路

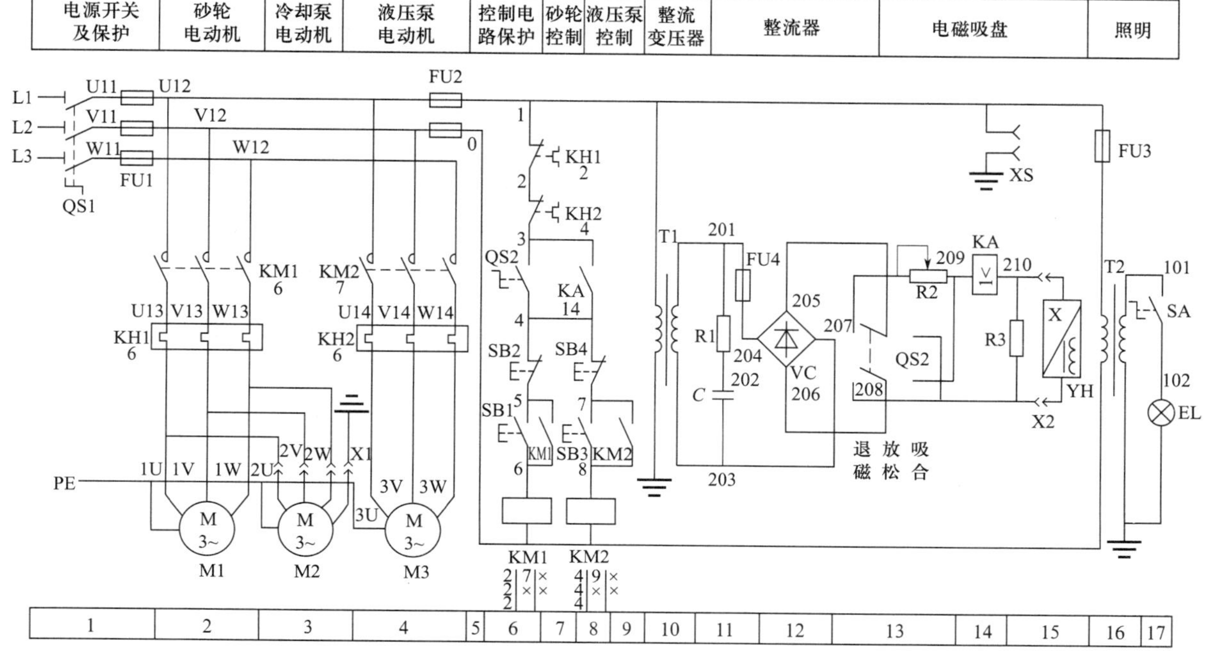

图 5-2-1　M7130 平面磨床电气控制线路图

1．主电路分析

（1）在图 5-2-1 中圈画出主电路部分。

（2）主电路中共有几台电动机？各自的作用是什么？

答：主电路中共有三台电动机，M1 为砂轮电动机，M2 为冷却泵电动机，M3 为液压泵电动机。

（3）砂轮电动机 M1 是由哪些电气元件控制和保护的？

答：砂轮电动机 M1 用接触器 KM1 控制启动与停止，热继电器 KH1 作为过载保护，熔断器 FU1 作为短路保护。

（4）冷却泵电动机 M2 是由哪些电气元件控制和保护的？

答：冷却泵电动机 M2 通过插接器 X1 和砂轮电动机 M1 的电源线相连，冷却泵电动机的容量较小，没有单独设置过载保护，熔断器 FU1 作为短路保护。

（5）液压泵电动机 M3 是由哪些电气元件控制和保护的？

答：液压泵电动机 M3 由接触器 KM2 控制启动与停止，热继电器 KH2 作为过载保护，熔断器 FU1 作为短路保护。

2．控制电路分析

（1）在图 5–2–1 中圈画出控制电路部分。

（2）分别对砂轮电动机、液压泵电动机的控制电路工作原理进行分析。

答：当转换开关 QS2 的常开触头（6 区）闭合，或电磁吸盘得电工作，欠电流继电器 KA 线圈得电吸合，其常开触头（8 区）闭合时，接通砂轮电动机 M1 和液压泵电动机 M3 的控制电路，砂轮电动机 M1 和液压泵电动机 M3 才能启动，进行磨削加工。

砂轮电动机 M1 和液压泵电动机 M3 都采用了接触器自锁正转控制线路，SB1、SB3 分别是它们的启动按钮，SB2、SB4 分别是它们的停止按钮。

3．电磁吸盘电路分析

电磁吸盘是用来固定加工工件的一种夹具。与机械夹具相比，它具有夹紧迅速、操作快速简便、不损伤工件、一次能吸牢多个小工件，以及磨削中工件发热时可自由伸缩、不变形等优点。其不足之处是只能吸住铁磁材料的工件，不能吸住非磁性材料（如铝、铜等）的工件。

（1）在图 5–2–1 中圈画出电磁吸盘电路部分。

（2）电磁吸盘电路可分为整流电路、控制电路和保护电路三部分，查阅相关资料，回答以下问题。

1）整流电路由哪些元器件组成？其主要作用是什么？

答：整流电路由整流变压器 T1、桥式整流器 VC、电阻 R1、电容 C、熔断器 FU4 组成。整流变压器 T1 将 220 V 交流电压降为 110 V，经桥式整流器 VC 整流后输出约 110 V 的直流工作电压，电阻 R1 与电容器 C 的作用是防止电磁吸盘回路交流侧的过电压。熔断器 FU4 为电磁吸盘提供短路保护。

2）结合控制电路的分析，简述充磁时和退磁时电磁吸盘 YH 的工作过程。

答：当将 QS2 扳至“吸合”位置时，触头（205—208）和触头（206—209）闭合，110 V 直流电压接入电磁吸盘 YH，工件被牢牢吸住。此时，欠电流继电器 KA 线圈得电吸合，KA 的常开触头闭合，接通砂轮电动机和液压泵电动机的控制电路。

待工件加工完毕，先将 QS2 扳至“放松”位置，切断电磁吸盘 YH 的直流电源，此时工件就有剩磁而不能取下，因此必须进行退磁。将 QS2 扳至“退磁”位置，触头（205—207）和触头（206—208）闭合，电磁吸盘 YH 通入较小的反向电流（因串入了退磁电阻 R2）进行退磁。退磁结束，将 QS2 扳至“放松”位置，即可将工件取下。

3）保护电路主要由哪些元器件组成？分别起什么作用？为什么要设置保护电路？

答：电磁吸盘的保护电路由放电电阻R3和欠电流继电器KA组成。电磁吸盘的电感很大，当电磁吸盘从“吸合”状态转变为“放松”状态的瞬间，线圈两端将产生很大的自感电动势，易使线圈或其他设备由于过电压而烧坏，因此需要用放电电阻R3在电磁吸盘断电瞬间给线圈提供放电通路，吸收线圈释放的磁场能量。欠电流继电器KA用以防止电磁吸盘断电时工件脱出发生事故。

电阻R1与电容器C的作用是防止电磁吸盘回路交流侧的过电压。熔断器FU4为电磁吸盘提供短路保护。

4．照明电路分析

（1）在图5-2-1中圈画出照明电路部分。

（2）简述照明电路的组成及电路的功能。

答：照明变压器T2将380 V的交流电压降为24 V的安全电压供给照明电路。EL为照明灯，一端接地，由开关SA控制。熔断器FU3作为照明电路的短路保护。

二、案例分析（用逻辑分析法判断故障范围）

【案例1】

故障现象：砂轮电动机和液压泵电动机都不能启动。

故障检修流程如下。

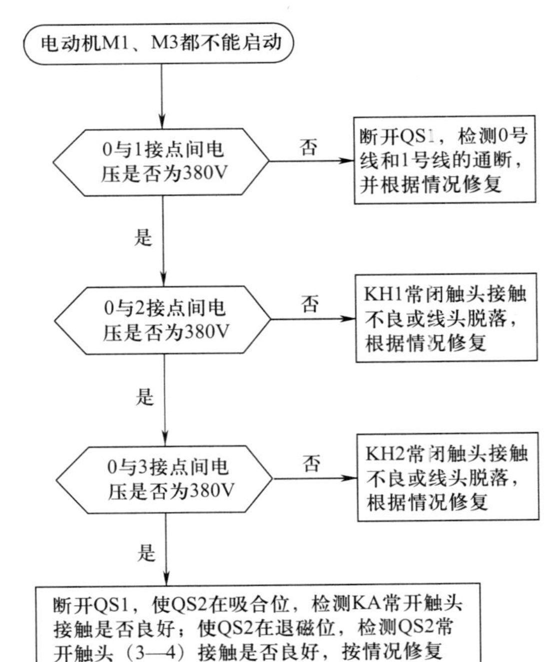

【案例 2】

故障现象：电磁吸盘退磁不充分，使工件取下困难。

故障检修流程如下。

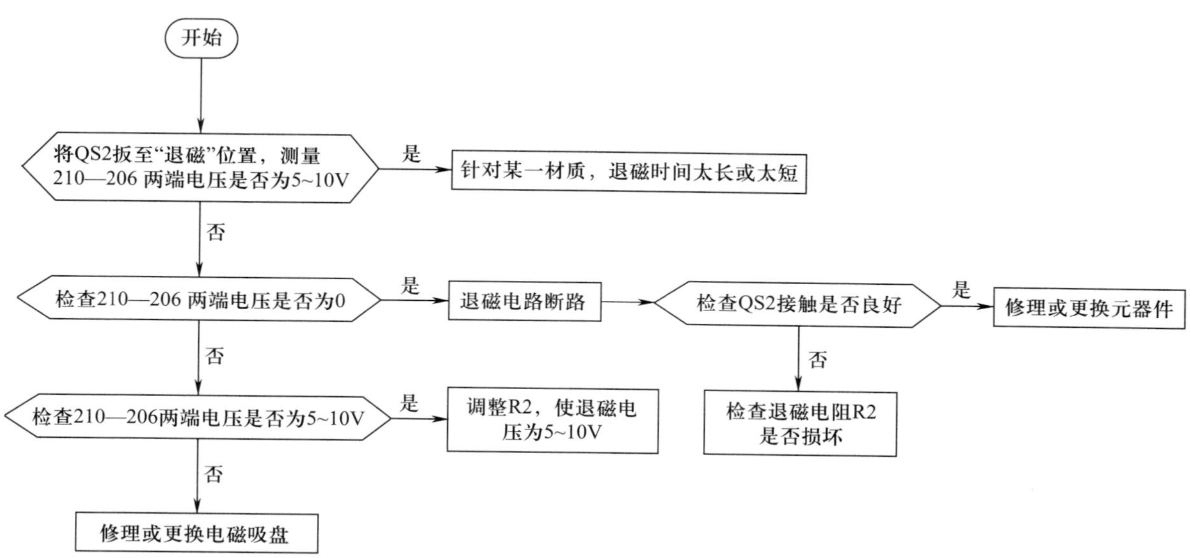

结合现场勘察情况，分析本任务可能的故障原因，以及进一步检查的部位，为制订检修计划和排除故障做好准备。将分析结果填入表 5-2-1。

表 5-2-1　故障分析

故障现象	可能的故障原因	待查部位和检查内容
电磁吸盘吸力不足	电磁吸盘损坏或整流器输出电压不正常	空载时，整流器直流输出电压是否为 130 V 左右。若为 130 V 但加负载时电压远低于 110 V，表明电磁吸盘线圈已发生短路，一般需更换电磁吸盘线圈；若不是 130 V 则应检查整流器 VC 的交流侧电压及直流侧电压，交流侧电压正常，直流输出电压不正常表明整流器发生元件短路或断路

三、制订计划、呈报计划

在检修故障时应该遵循“观察和调查故障现象→分析故障原因→确定故障的具体部位→排除故障→检验试车”的步骤。依此，制订故障检修工作计划并按流程呈报计划书。

“M7130 平面磨床故障诊断与排除”工作计划书

1．人员分工

（1）小组负责人：×××

（2）小组成员及分工

姓名	分工
×××	安全员
×××	材料员
×××	绘图员
×××	施工员

2．工具及材料清单

工具	测电笔、螺钉旋具、尖嘴钳、斜口钳、剥线钳、电工刀等电工常用工具				
仪表	兆欧表（500 V）、钳形电流表、万用表				
资料	任务单、出厂资料、维修档案、施工图纸、维修计划模板、维修记录模板、电业安全工作规程、电工手册、电气安装施工规范等资料				
材料	导线、控制器件、保护器件、线槽、线管、绝缘材料、劳保用品、安全警示牌、警戒围栏				
器材	代号	名称	型号	规格	数量
	QS1	电源开关	HZ1-25/3		1
	QS2	转换开关	HZ1-10P/3		1
	SA	照明开关			1
	FU1	熔断器	RL1-60/30	60 A、熔体 30 A	3
	FU2	熔断器	RL1-15	15 A、熔体 5 A	2
	FU3	熔断器	BLX-1	1 A	1
	FU4	熔断器	RL1-15	15 A、熔体 5 A	1
	KM1	接触器	CJO-10	线圈电压 380 V	1
	KM2	接触器	CJO-10	线圈电压 380 V	1
	FR1	热继电器	JR10-10	整定电流 9.5 A	1
	FR2	热继电器	JR10-10	整定电流 6.1 A	1
	T1	整流变压器	BK-400	400 VA、220 V/145 V	1
	T2	照明变压器	BK-50	50 VA、380 V/36 V	1
	VC	硅整流器	GZH	1 A、200 V	1
	YH	电磁磁盘		1.2 A、110 V	1
	KA	欠电流继电器	JT3-11L	1.5 A	1
	SB1	按钮	LA2	绿色	1
	SB2	按钮	LA2	红色	1
	SB3	按钮	LA2	绿色	1
	SB4	按钮	LA2	红色	1

3．工序及工期安排

序号	工作内容	完成时间	备注
1	观察和调查故障现象		
2	分析故障原因		
3	确定故障的具体部位		
4	排除故障		
5	检验试车		

4．安全防护措施

（1）设立专职安全员，团队协作，一人检修一人监护。

（2）遵循健康和安全标准，使用适当的个人防护用品（安全鞋、护目镜等）。

（3）合理规划工作区域，最大限度地提高效率并保持工作区域的环境卫生。

（4）安全使用维修工具和仪器仪表，使用完毕应清理干净，正确存放。

（5）在上电前要确保人身、设备安全，通电测试必须按要求完成每一种功能的检测，以确保设备正确运行，达到功能控制要求。

学习活动3　现 场 施 工

学习目标

1. 能按电业安全工作规程、工艺要求和场地情况，运用观察法、替换法、测量法等多种方法综合分析故障状况，熟练使用测试工具、测量设备诊断故障，并能用正确方法排除故障。

2. 能按相关技术指标使用仪表对恢复正常的设备进行检测，并完成运行测试工作。

3. 能遵循健康和安全标准，遵循规章制度和安全生产程序，设置安全措施、使用适当的个人防护用品；能合理规划工作区域，最大限度地提高效率并保持工作区域的环境卫生。

4. 能规范填写电设备维修任务单，交付验收，并归纳总结各类故障状态下电气控制线路维修方法和要点。

建议学时：18 学时

学习过程

一、设置安全措施

参照学习任务一中所学内容，根据本任务的实际情况，需要设置哪些安全措施？和前面的学习任务相比，是否相同？如有不同，具体包括哪些？为什么？

答：1. 设立专职安全员，团队协作，一人检修一人监护。

2. 遵循健康和安全标准，使用适当的个人防护用品（安全鞋、护目镜等）。

3. 合理规划工作区域，最大限度地提高效率并保持工作区域的环境卫生。

4. 安全使用维修工具和仪器仪表，使用完毕应清理干净，正确存放。

5. 在上电前要确保人身、设备安全，通电测试必须按要求完成每一种功能的检测，以确保设备正确运行，达到功能控制要求。

二、排除线路故障

> **参考资料**
> **电力拖动控制线路与技能训练（第六版）**
> 第三单元课题 3　M7130 型平面磨床电气控制线路

1．根据上一活动中的初步判断，采用适当的检查方法，找出故障点并排除。在排除故障过程中，严格执行安全操作规范，文明作业、安全作业，将检修过程记录在表 5–3–1 中。

表 5–3–1　　线路故障排除记录

序号	故障现象	测量和排除方法
1	电磁吸盘吸力不足	M7130 平面磨床电磁吸盘的电源电压由整流器 VC 供给。空载时，整流器直流输出电压应为 130 ~ 140 V，负载时不应低于 110 V。若整流器空载输出电压正常，带负载时电压远低于 110 V，则表明电磁吸盘线圈已短路，短路点多发生在线圈各绕组间的引线接头处，这是由于吸盘密封不良，切削液流入，引起绝缘损坏，造成线圈短路
2		若电磁吸盘电源电压不正常，多是因为整流元件短路或断路造成的，应检查整流器 VC 的交流侧电压及直流侧电压。若交流侧电压正常，直流输出电压不正常，则表明整流器发生元件短路或断路故障。如某一桥臂的整流二极管发生断路，将使整流输出电压降低到额定电压的一半；若两个相邻的二极管都发生断路，则输出电压为零。整流器元件损坏的原因可能是元件过热或过电压造成的。如由于整流二极管热容量很小，在整流器过载时，元件温度急剧上升，烧坏二极管；当放电电阻 R3 损坏或接线断路时，由于电磁吸盘线圈电感很大，在断开瞬间产生的过电压将整流元件击穿。排除此类故障时，可用万用表测量整流器的输出电压及输入电压，判断故障部位，查找故障元件，进行更换或修理即可

2．找出电气设备故障点后，就要着手进行修复，简述修复故障时需注意的事项。

答：在故障点确定以后，无论修复还是更换，对电气维修人员来说，排除故障比查找故障要简单得多。在排除故障的过程中，应先动脑、后动手，正确分析可起到事半功倍的效果。

需要注意的是，在找出有故障的组件后，应该进一步确定故障的根本原因，例如，当电路中的一只接触器烧坏，单纯地更换一只是不够的，重要的是要查出其被烧坏的原因，并采取补救和预防的措施。在排除故障过程中还要对线路做好标记，以防错接。

3．故障排除后，应当做哪些工作？

答：设备故障维修结束，设备维修人员应在设备维修任务单上填写“维修记录”部分的内容，然后由维修员及报修人对设备故障维修状况进行确认，对设备进行试运行，确认设备故障已排除，并填写设备维修任务单上“验收记录”部分的内容。

三、自检、互检和试车

故障检修完毕后，在教师允许下通电试车，在小组内进行自检、互检，在表 5-3-2 中记录自检和互检的情况。

表 5-3-2　　自检和互检记录

故障范围是否正确		检修方法是否正确		是否修复故障	
自检	互检	自检	互检	自检	互检

四、工程验收

1．在验收阶段，各小组派出代表进行交叉验收，将发现的问题记录在表5-3-3中。

表5-3-3 验收过程问题记录表

验收问题记录	整改措施	完成时间	备注

2．以小组为单位认真填写表5-1-1设备维修任务单中“维修记录”和“验收记录”部分内容。

五、其他故障分析与练习

1．除了本任务工作情境中涉及的故障现象，实际工作中，还可能出现其他各式各样的故障现象。表5-3-4中列出了几种典型的故障现象，查询相关资料，分析故障原因，判断故障范围，简述处理方法，记录在表5-3-4中，并在教师指导下，进行实际排除故障训练。

表5-3-4 常见故障示例

故障现象描述	故障范围	处理方法
三台电动机都不能启动	欠电流继电器KA的常开触头和转换开关QS2的触头（3—4）接触不良、接线松脱或有油垢，使电动机的控制电路处于断电状态	将转换开关QS2扳至“吸合”位置，检查欠电流继电器KA常开触头（3—4）的接通情况，不通则修理或更换元件，就可排除故障。否则，将转换开关QS2扳至“退磁”位置，拔掉电磁吸盘插头，检查QS2触头（3—4）的通断情况，不通则修理或更换转换开关 若KA和QS2的触头（3—4）无故障，电动机仍不能启动，可检查热继电器FR1、FR2的常闭触头是否动作或接触不良

续表

故障现象描述	故障范围	处理方法
砂轮电动机的热继电器KH1经常脱扣	砂轮电动机M1超负荷运行，造成电动机堵转，使电流急剧上升，热继电器脱扣	砂轮电动机M1磨损后易发生堵转现象。工作中应选择合适的进给量，防止电动机超载运行。除以上原因之外，更换后的热继电器规格选得太小或整定电流没有重新调整，使电动机还未达到额定负载时，热继电器就已脱扣。因此，热继电器必须按其被保护电动机的额定电流进行选择和调整
电磁吸盘退磁不充分，使工件取下困难	电磁吸盘退磁不好	电磁吸盘退磁不好的故障原因，一是退磁电路断路，根本没有退磁，应检查转换开关QS2接触是否良好，退磁电阻R2是否损坏；二是退磁电压过高，应调整电阻R2，将退磁电压调至5～10 V；三是退磁时间太长或太短，对于不同材质的工件，所需的退磁时间不同，注意掌握好退磁时间
电磁吸盘无吸力	电磁吸盘电路断开，使吸盘无吸力	常见的故障是熔断器FU4熔断，造成电磁吸盘电路断开，使吸盘无吸力。FU4熔断是由于整流器VC短路，使整流变压器T1二次侧绕组流过很大的短路电流造成的。如果检查整流器输出空载电压正常，而接上吸盘后，输出电压下降不大，欠电流继电器KA不动作，吸盘无吸力，这时，可依次检查电磁吸盘YH的线圈、插接器X2、欠电流继电器KA的线圈有无断路或接触不良的现象。检修故障时，可使用万用表测量各点电压，查出故障元件，进行修理或更换，即可排除故障

2．排除故障训练完毕，在小组内进行自检和互检，根据测试内容，填写表5-3-5。

表5-3-5　自检和互检记录

序号	故障现象	故障范围是否正确		检修方法是否正确		是否修复故障	
		自检	互检	自检	互检	自检	互检
1							
2							
3							
4							

六、评价

参考世界技能大赛的评价标准、理念，以小组为单位，按照表 5-3-6 所示评价内容进行评分。

表 5-3-6 评分表

评价内容		配分	是 / 否	得分
安全文明生产	施工过程中无违规操作	10		
	施工过程中始终保持场地整洁，施工结束后场地整理干净	2		
试车检查	无短路或接地错误	2		
	通电检查时安全操作	2		
	控制电路试车	3		
	主电路加电试车	3		
故障分析	标出最小故障范围	6		
	故障分析思路清楚	6		
故障排除	排除故障点	5		
	扩大故障范围或产生新的故障后，自行修复	5		
	不损坏电动机或工具	6		
	不损坏元器件	6		
	排除故障方法正确	5		
终端恢复	配电箱所有导线恢复牢固且正确终止，无露铜	2		
	配电箱布线恢复整齐美观	2		
功能恢复	设备正常运转无故障	30		
	故障未排除的，及时独立发现问题并解决	5		
合计				

学习活动 4　工作总结与评价

学习目标

1. 能以小组形式对学习过程和实训成果进行汇报总结。
2. 完成对学习过程的综合评价。

建议学时：4 学时

学习过程

一、经验交流

任务完成后，进行班内、组内交流，总结经验，提高知识、技能和职业素养，并将主要内容记录下来。

1．你在“M7130 平面磨床故障诊断与排除”学习任务中学到了哪些知识和技能？简要记录在表 5–4–1 中。

表 5–4–1　本任务所学主要知识和技能

知识	技能

2．你所在的小组在检修工作过程中存在哪些不足？需如何改进？简要记录在表5-4-2中。

表5-4-2　　不足之处及改进措施

不足之处	改进措施

3．进行班内、组内经验交流，并将要点记录在表5-4-3中。

表5-4-3　　班内、组内经验交流记录

工作经验交流	合理化建议

二、成果展示

以小组为单位，选择演示文稿、展板、海报、视频等形式中的一种或几种，向全班展示、汇报学习成果。

三、综合评价

参考世界技能大赛的评价标准、理念，针对本任务的学习情况，根据表 5-4-4 所列综合评价标准进行评分。

表 5-4-4　　综合评价

评价项目	评价内容及标准	配分	评分		
			自我评价	小组评价	教师评价
工作组织和管理	团队合作，合理计划，高效管理时间	3			
	定期检查工作进展和成果	3			
	保证高质量完成工作	4			
沟通能力	深度咨询客户，完全理解其要求	5			
	提供明确说明，为客户提供书面报告	5			
计划创新能力	定期检查工作，最小化问题	5			
	提出创新性、可行性建议，提高客户满意度	5			
故障诊断能力	根据设备控制要求，准确确定故障类型和范围	20			
	根据设备技术资料，正确分析故障原因	30			
故障排除能力	能正确使用、测试、校准测量设备	5			
	能按照国家标准完成设备线路维修	15			
学生姓名		综合评价得分			
指导教师		日期			

世赛知识

电气装置项目能力要求

电气装置项目要求选手具有安装电工的操作技能，能够按照国家相关电气施工标准，根据施工图纸在模拟工作间完成管路布局安装、电气线路安装、系统编程与调试，并能完成电气设备的检查与维护。具体能力要求如下。

1．完成商业、住宅及工业现场不同线路系统的安装。

（1）在物体表面稳固的安装电缆，电缆有均匀的弯曲半径且不变形，电缆接入线槽及设备箱、盒时使用正确的终端配件。

（2）在线槽、刚性导管及柔性导管内安装绝缘导线或绝缘电缆。

（3）在电缆桥架（槽式、网孔式）上安装并固定绝缘电缆。

（4）准确测量并制作指定长度和角度的金属或塑料线槽；正确装配多段线槽，连接处不变形，且尺寸误差、间隙控制在允许范围内；装配不同的终端配件，如在线槽上安装端盖；在物体表面正确安装不同型号的线槽。

（5）在物体表面稳固地安装金属或 PVC 导管；弯管半径均匀，且不小于 $4R$，导管接入箱、板、槽时不变形，正确使用终端配件。

（6）在物体表面稳固地安装柔性导管；弯管半径均匀，不使柔性导管变形；柔性导管接入箱、板、槽时，使用正确的终端配件。

（7）在物体表面稳固地安装不同类型的电缆桥架（槽式、网孔式）。

（8）根据所给的施工说明（如布局图等）装配电气控制箱，包含主开关、漏电保护器、小型断路器、控制设备（继电器、计时器等）、熔断器等。

（9）根据电路图，完成配电箱制作及内部端子接线，接线时要求不露铜且安全牢固。

2．完成商业、住宅和工业现场中使用的不同控制装置和插座的安装。

（1）安装控制装置，如控制器、检测器、调节器和开关等。

（2）安装插座，如单相插座、三相插座等。

（3）根据提供的说明，安装和连接其他电气设备。

3．选择合适的工具并正确使用。

4．阅读并修正施工图纸和文件，如布局图、电路图、书面说明等。

5．以安全和专业的方式，规划、安装、检查和调试电气装置。

（1）用提供的图纸和文件，规划施工操作。

（2）根据提供的图纸和文件，安装设备和线路。

（3）在通电之前，检查电气装置，以保证人身及电气安全。检查内容包括：绝缘电阻检查、接地连续性检查、极性检查、目测检查。

（4）完成通电后功能和运行检查。根据提供的说明，检查所安装设备的所有功能，以确保新装置的正确运行。

（5）完成控制程序编写、参数设置。使用提供的编程软件，完成可编程继电器、总线系统等装置的编程；正确设置计时器、过载继电器等装置的参数。

对于线路故障测试，要求理解和完成以下内容。

（1）测试电气装置并确定如下故障：短路、开路、极性错误、绝缘电阻故障、接地连续性故障、设备设置不正确等。

（2）诊断电气装置并确定如下情况：接触不良、接线不正确、高故障环路阻抗、设备故障等。

（3）正确使用、检查和校准测量设备，如：绝缘电阻测试仪、连续性测试仪、万用表、网络线测试仪等。

附　　录

附录1　电动葫芦故障诊断与排除学习任务设计方案

专业名称	电气自动化设备安装与维修	一体化课程名称	低压电气控制设备故障诊断与排除
学习任务一	电动葫芦故障诊断与排除	授课时数	40学时
工作情境描述	某机床厂组装车间的电动葫芦通电后不能正常工作，具体故障现象为提升物体时操作正常，但不能将物体放下。经初步检查，判断为电气控制线路故障。现该项维修任务交由维修班完成，需电气维修人员通过现场勘察，熟悉电动葫芦电气控制线路相关技术资料，准确判断故障原因，并使用正确的方法及时排除故障，使其正常运转		
学习任务描述	学生从教师处领取维修任务单，通过阅读维修任务单，明确任务要求，查阅相关资料和手册，制订维修计划，确定工作任务流程及技术标准，在规定的工期内完成电动葫芦控制线路故障诊断、元器件拆装与检修作业，使电动葫芦恢复正常工作；自检合格后，填写维修记录；施工完成后清理现场，交付主管部门进行验收测试，在作业过程中严格遵循现场施工管理规范		
与其他学习任务的关系	该学习任务为第一项学习任务，是在学习了低压电气控制设备安装与维护一体化课程的基础上，进行本学习任务的学习，为后续的“CA6140普通车床故障诊断与排除”“电动卷闸门故障诊断与排除”“M7130平面磨床故障诊断与排除”等学习任务奠定基础		
学生基础	学生在完成低压电气控制设备安装与维护一体化课程学习的基础上，对熔断器、低压开关、按钮、接触器等有了初步了解，对线路的安装、调试等有一定理解，同时对使用仪表进行检测、检修有一定基础，并具有一定的团队协作意识、沟通能力和查阅资料能力		
学习目标	1. 能通过设备维修任务单，明确工作内容及工期要求，勘察现场，与客户、设备操作人员等进行有效沟通，了解故障现象，准确获取任务信息 2. 能查阅设备出厂资料和维修档案，识读电动葫芦电气原理图，熟悉其控制功能和性能指标 3. 能通过教师引导，通过小组合作，学习故障检修的基本方法，并结合电动葫芦电气控制线路原理图，运用逻辑分析法等方法分析故障范围 4. 能根据任务需要确定人员分工，列举所需仪表、资料、材料、器材，明确工作安排和安全防护措施，合理制订工作计划并呈报 5. 能按电业安全工作规程、工艺要求和场地情况，运用适当的方法综合分析故障状况，完成故障诊断与排除 6. 能按相关技术指标使用仪表对恢复正常的设备进行检测，完成运行测试工作		

续表

学习目标	7．能遵循健康和安全标准，遵循规章制度和安全生产程序，设置安全措施、使用适当的个人防护用品；能合理规划工作区域，最大限度地提高效率并保持工作区域的环境卫生 8．能规范填写设备维修任务单，交付验收，并归纳总结各类故障状态下电气控制线路维修方法和要点 9．能以小组形式，对学习过程和实训成果进行汇报总结，完成对学习过程的综合评价
学习内容	1．电动葫芦基本知识 2．电动葫芦电气控制线路原理图 3．低压电气控制设备故障检修的基本方法 4．低压电气控制设备故障范围的分析方法 5．低压电气控制设备维修计划表的填写 6．电气故障检修 7．元器件拆装 8．故障点的确认及排除方法 9．低压电气控制设备带电检测的安全防护与监护 10．低压电气控制设备空载及带载调试 11．仪表的使用 12．低压电气控制设备安全测试
教学条件	1．教学场地 电气线路维修一体化学习工作站须具备良好的安全、照明和通风条件，可分为集中教学区、分组教学区、信息检索区、工具存放区、工作区和成果展示区，并配备相应的多媒体教学设备和电控柜等设施。面积至少同时容纳 35 人开展教学活动为宜 2．工具、材料、设备 按组配置通用电工工具、专用维修工具以及仪器仪表、电控柜等设施设备 3．教学资料 以工作页为主，配备教材、施工方案、图纸
教学组织形式	采用行动导向的教学模式。为确保教学安全，提高教学效果，建议采用分组教学的形式（3 ~ 4 人 / 组）；在完成学习任务的过程中，教师须加强示范与指导，强调规范操作，注重提高学生的职业素养
教学流程与活动	1．明确工作任务（12 学时） 2．施工前的准备（12 学时） 3．现场施工（12 学时） 4．工作总结与评价（4 学时）
评价内容与标准	1．过程性考核 采用自我评价、小组评价和教师评价相结合的方式进行考核；让学生学会自我评价，教师要善于观察学生的学习过程，进行记录，结合、参照学生的自我评价、小组评价进行总评并提出改进建议 （1）课堂考核：出勤、学习态度、课堂纪律、小组合作与展示等情况 （2）作业考核：工作页的完成、课后练习等情况 （3）过程化考核：纸笔测试、工作过程记录、口述表达测试 2．终结性考核 学生根据工作情境中的要求，阅读维修任务单，明确任务要求，制订维修计划，确定工作任务流程，并按照相关规范和要求，在规定时间内完成电气线路的故障诊断、元器件拆装与检修作业，使维修后的设备能恢复正常工作

附录 2 电动葫芦故障诊断与排除教学活动策划表

教学活动	关键能力	学生学习活动	教师活动	学习内容	资源	评价点	学时	地点
学习活动 1：明确工作任务	1. 阅读能力 2. 理解能力 3. 查阅资料能力	1. 任务单的阅读 2. 设备现场的勘察 3. 图纸的识读，设备出厂资料和维修档案的查阅	1. 指导学生阅读任务单，判断学生是否明确任务要求 2. 指导学生进行设备现场的勘察（电动葫芦控制线路的构造、工作方式、运动形式等） 3. 指导学生对图纸的识读，设备出厂资料和维修档案的查阅	1. 设备维修任务单的规范填写 2. 电动葫芦电气控制线路原理图的识读 3. 低压电气控制设备的调试及故障现象的勘察方法	1. 任务单 2. 设备出厂资料和维修档案	1. 能读懂任务单，明确任务的工期、内容、质量、安全等要求 2. 能勘察现场，与设备操作人员进行有效沟通，了解故障现象，明确任务目标和工作要求 3. 能识读图纸，获取、查阅设备出厂资料和维修档案，熟悉设备的控制功能和性能指标	12	一体化学习工作站
学习活动 2：施工前的准备	1. 制订工作计划能力 2. 理解、分析能力 3. 交流沟通能力	1. 识读电气原理图 2. 故障检修的基本方法 3. 案例分析（用逻辑分析法判断故障范围） 4. 制订计划、呈报计划	1. 指导学生识读电气原理图，判断学生是否明确控制原理 2. 指导学生学习故障检修的基本方法：电阻法、电压法等 3. 通过案例分析，指导学生通过逻辑分析法来判断故障的范围 4. 指导学生制订工作计划，准备工具和材料	1. 低压电气控制设备故障范围分析方法 2. 低压电气控制设备维修计划表的填写	1. 电工工具 2. 元器件（热继电器） 3. 控制板	1. 能根据教师引导，通过小组合作，自主学习电阻法、电压法等故障检修方法 2. 能根据电气原理图，分析故障范围，编制维修计划及工具、仪器仪表清单 3. 能表述维修计划，呈报维修工具和仪器仪表清单	12	一体化学习工作站

续表

教学活动	关键能力	学生学习活动	教师活动	学习内容	资源	评价点	学时	地点
学习活动3：现场施工	1. 使用工具能力 2. 拆装能力 3. 设置安全措施的能力 4. 检查能力 5. 测试能力 6. 评价能力	1. 设置安全措施 2. 排除线路故障 3. 自检、互检和试车 4. 工程验收 5. 其他故障分析与练习 6. 评价	1. 指导学生设置安全措施，检查实用性 2. 指导学生排除线路故障 3. 指导组织学生自检、互检和试车 4. 指导学生对维修完成的设备进行验收 5. 指导学生对设备常见故障进行分析与维修练习 6. 指导学生对自己或他人的施工过程进行客观评价	1. 电气故障检修 2. 元器件拆装 3. 故障点的确认及排除方法 4. 低压电气控制设备带电检测的安全防护与监护 5. 低压电气控制设备空载及带载调试 6. 仪表的使用：万用表、钳形电流表等 7. 低压电气控制设备安全测试	1. 电业安全操作规程 2. 电工手册 3. 电气安装维修施工规范	1. 能按电业安全工作规程、工艺要求和场地情况，运用适当的方法综合分析故障状况，完成故障诊断和排除 2. 能按相关技术指标使用仪表对恢复正常的设备进行检测，完成运行测试工作 3. 能遵循健康和安全标准，遵循规章制度和安全生产程序，设置安全措施、使用适当的个人防护用品；合理规划工作区域，最大限度地提高效率并保持工作区域的环境卫生	12	一体化学习工作站
学习活动4：工作总结与评价	1. 沟通能力 2. 语言表达能力 3. 自我展示能力 4. 综合评价能力	1. 经验交流 2. 成果展示 3. 综合评价	1. 指导组织学生进行经验交流 2. 指导学生开展多种形式的成果展示 3. 指导学生进行综合评价，最后客观地给出每个人的评价成绩	1. 能规范填写设备维修任务单，交付验收，并归纳总结各类故障状态下电气控制线路维修方法和要点 2. 能以小组形式对学习过程和实训成果进行汇报总结，完成对学习过程的综合评价	综合评价表	1. 能正确填写维修记录表，执行安全操作规程、施工现场管理规定及“8S”管理规定 2. 能在规定的时间内完成工作页，并经班组长确认，交付验收 3. 能与他人合作，具有良好的沟通能力和团队精神	4	一体化学习工作站

附录 3 CA6140 普通车床故障诊断与排除学习任务设计方案

专业名称	电气自动化设备安装与维修	一体化课程名称	低压电气控制设备故障诊断与排除
学习任务二	CA6140 普通车床故障诊断与排除	授课时数	40 学时
工作情境描述	某加工厂生产车间 CA6140 普通车床使用中出现故障，具体故障现象为通电后主轴电动机不能正常启动。经初步检查，判断为电气控制线路故障。现该项维修任务交由维修班完成，需电气维修人员通过现场勘察，熟悉 CA6140 普通车床电气控制线路的工作原理，结合电气原理图、布置图、接线图等技术资料准确判断故障原因，并使用正确的方法及时排除故障，使其正常运转		
学习任务描述	学生从教师处领取维修任务单，识读 CA6140 普通车床电气控制线路的电气原理图、布置图、接线图等，查阅相关资料和手册，制订维修计划，确定工作任务流程及技术标准，在规定的工期内完成 CA6140 车床控制线路故障诊断、元器件拆装与检修作业，使车床恢复正常工作；自检合格后，填写维修记录；施工完成后清理现场，交付主管部门进行验收测试，在作业过程中严格遵循现场施工管理规范		
与其他学习任务的关系	在学习了“电动葫芦故障诊断与排除”学习任务的基础上，进行本学习任务的学习，同时为“电动卷闸门故障诊断与排除”的学习任务奠定基础		
学生基础	学生在完成低压电气控制设备安装与维护一体化课程学习的基础上，对熔断器、低压开关、按钮、接触器等有了初步了解，对线路的安装、调试等有一定理解，同时对使用仪表进行检测、检修有一定基础，并具有一定的团队协作意识、沟通能力和查阅资料能力。		
学习目标	1. 能通过设备维修任务单，明确工作内容及工期要求，勘察现场，与客户、设备操作人员等进行有效沟通，了解故障现象，准确获取任务信息 2. 能查阅设备出厂资料和维修档案，识读 CA6140 普通车床电气原理图，熟悉其结构、功能、主要运动形式和控制要求 3. 能结合 CA6140 普通车床电气控制线路原理图，运用逻辑分析法等方法分析故障范围 4. 能根据任务需要确定人员分工，列举所需仪表、资料、材料、器材，明确工作安排和安全防护措施，合理制订工作计划并呈报。 5. 能按电业安全工作规程、工艺要求和场地情况，运用适当的方法综合分析故障状况，完成故障诊断和排除 6. 能对按相关技术指标使用仪表对恢复正常的设备进行检测，完成运行测试工作 7. 能遵循健康和安全标准，遵循规章制度和安全生产程序，设置安全措施、使用适当的个人防护用品；能合理规划工作区域，最大限度地提高效率并保持工作区域的环境卫生 8. 能规范填写设备维修任务单，交付验收，并归纳总结各类故障状态下电气控制线路维修方法和要点 9. 能以小组形式，对学习过程和实训成果进行汇报总结，完成对学习过程的综合评价		

续表

学习内容	1. 电气原理图的识读 2. 低压电气控制设备的调试及故障现象的勘察方法 3. 低压电气控制设备故障范围的分析方法 4. 低压电气控制设备维修计划表的填写 5. 电气故障检修 6. 元器件拆装 7. 故障点的确认及排除方法 8. 低压电气控制设备带电检测的安全防护与监护 9. 低压电气控制设备空载及带载调试 10. 仪表的使用 11. 低压电气控制设备安全测试
教学条件	1. 教学场地 电气线路维修一体化学习工作站须具备良好的安全、照明和通风条件，可分为集中教学区、分组教学区、信息检索区、工具存放区、工作区和成果展示区，并配备相应的多媒体教学设备和电控柜等设施。面积至少同时容纳 35 人开展教学活动为宜 2. 工具、材料、设备 按组配置通用电工工具、专用维修工具以及仪器仪表、电控柜等设施设备 3. 教学资料 以工作页为主，配备教材、施工方案、图纸
教学组织形式	采用行动导向的教学模式。为确保教学安全，提高教学效果，建议采用分组教学的形式（3 ~ 4 人 / 组）；在完成学习任务的过程中，教师须加强示范与指导，强调规范操作，注重提高学生的职业素养
教学流程与活动	1. 明确工作任务（6 学时） 2. 施工前的准备（12 学时） 3. 现场施工（18 学时） 4. 工作总结与评价（4 学时）
评价内容与标准	1. 过程性考核 采用自我评价、小组评价和教师评价相结合的方式进行考核；让学生学会自我评价，教师要善于观察学生的学习过程，进行记录，结合、参照学生的自我评价、小组评价进行总评并提出改进建议 （1）课堂考核：出勤、学习态度、课堂纪律、小组合作与展示等情况 （2）作业考核：工作页的完成、课后练习等情况 （3）过程化考核：纸笔测试、工作过程记录、口述表达测试 2. 终结性考核 学生根据工作情境中的要求，阅读维修任务单，明确任务要求，制订维修计划，确定工作任务流程，并按照相关规范和要求，在规定时间内完成电气线路的故障诊断、元器件拆装与检修作业，使维修后的设备能恢复正常工作

附录 4　CA6140 普通车床故障诊断与排除教学活动策划表

教学活动	关键能力	学生学习活动	教师活动	学习内容	资源	评价点	学时	地点
学习活动 1：明确工作任务	1. 阅读能力 2. 理解能力 3. 查阅资料能力	1. 任务单的阅读 2. 设备现场的勘察 3. 图纸的识读，设备出厂资料和维修档案的查阅	1. 指导学生阅读任务单，判断学生是否明确任务要求 2. 指导学生进行设备现场的勘察（CA6140 车床控制线路的构造、工作方式、运动形式等） 3. 指导学生对图纸的识读，设备出厂资料和维修档案的查阅	1. CA6140 车床电气控制线路原理图的识读 2. 低压电气控制设备的调试及故障现象的勘察方法	1. 任务单 2. 设备出厂资料和维修档案	1. 能读懂任务单，明确任务的工期、内容、质量、安全等要求 2. 能勘察现场，与设备操作人员进行有效沟通，了解故障现象，明确任务目标和工作要求 3. 能识读图纸，获取、查阅设备出厂资料和维修档案，熟悉设备的控制功能和性能指标	6	一体化学习工作站
学习活动 2：施工前的准备	1. 制订工作计划能力 2. 理解、分析能力 3. 交流沟通能力	1. 识读电气原理图 2. 案例分析（逻辑分析法判断故障范围） 3. 制订计划、呈报计划	1. 指导学生识读电气原理图，判断学生是否明确控制原理 2. 通过案例分析，指导学生通过逻辑分析法来判断故障的范围 3. 指导学生制订工作计划，准备工具和材料	1. 低压电气控制设备故障范围分析方法 2. 低压电气控制设备维修计划表的填写	1. 电工工具 2. 元器件（热继电器） 3. 控制板	1. 能根据电气原理图，分析故障范围，编制维修计划及工具、仪器仪表清单 2. 能表述维修计划，呈报维修工具和仪器仪表清单	12	一体化学习工作站

续表

教学活动	关键能力	学生学习活动	教师活动	学习内容	资源	评价点	学时	地点
学习活动3：现场施工	1. 使用工具能力 2. 拆装能力 3. 设置安全措施的能力 4. 检查能力 5. 测试能力 6. 评价能力	1. 设置安全措施 2. 排除线路故障 3. 自检、互检和试车 4. 工程验收 5. 其他故障分析与练习 6. 评价	1. 指导学生设置安全措施，检查实用性 2. 指导学生排除线路故障 3. 指导组织学生自检、互检和试车 4. 指导学生对维修完成的设备进行验收 5. 指导学生对设备常见故障进行分析与维修练习 6. 指导学生对自己或他人的施工过程进行客观评价	1. 电气故障检修 2. 元器件拆装 3. 故障点的确认及排除方法 4. 低压电气控制设备带电检测的安全防护与监护 5. 低压电气控制设备空载及带载调试 6. 仪表的使用：万用表、钳形电流表等 7. 低压电气控制设备安全测试	1. 电业安全操作规程 2. 电工手册 3. 电气安装维修施工规范	1. 能按电业安全工作规程、工艺要求和场地情况，运用适当的方法综合分析故障状况，完成故障诊断和排除 2. 能按相关的技术指标使用仪表对恢复正常的设备进行检测，完成运行测试工作 3. 能遵循健康和安全标准，遵循规章制度和安全生产程序，设置安全措施、使用适当的个人防护用品；合理规划工作区域，最大限度地提高效率并保持工作区域的环境卫生	18	一体化学习工作站
学习活动4：工作总结与评价	1. 沟通能力 2. 语言表达能力 3. 自我展示能力 4. 综合评价能力	1. 经验交流 2. 成果展示 3. 综合评价	1. 指导组织学生进行经验交流 2. 指导学生开展多种形式的成果展示 3. 指导学生进行综合评价，最后客观地给出每个人的评价成绩	1. 能规范填写设备维修任务单，交付验收，并归纳总结各类故障状态下电气控制线路维修方法和要点 2. 能以小组形式对学习过程和实训成果进行汇报总结，完成对学习过程的综合评价	综合评价表	1. 能正确填写维修记录表，执行安全操作规程、施工现场管理规定及“8S”管理规定 2. 能在规定的时间内完成工作页，并经班组长确认，交付验收 3. 能与他人合作，具有良好的沟通能力和团队精神	4	一体化学习工作站

附录 5　电动卷闸门故障诊断与排除学习任务设计方案

专业名称	电气自动化设备安装与维修	一体化课程名称	低压电气控制设备故障诊断与排除
学习任务三	电动卷闸门故障诊断与排除	授课时数	40 学时
工作情境描述	某加工厂生产车间的电动卷帘门出现故障，不能正常关闭，影响车间的正常工作和安全，需尽快维修。经初步检查，判断为电气控制线路故障。现该项维修任务交由维修班完成，需电气维修人员通过现场勘察，熟悉电动卷闸门相关技术资料，准确判断故障原因，并使用正确的方法及时排除故障，使其正常运转，保障车间正常开展工作		
学习任务描述	学生从教师处领取维修任务单，通过阅读维修任务单，明确任务要求，查阅相关资料和手册，制订维修计划，确定工作任务流程及技术标准，在规定的工期内完成电动卷闸门故障诊断、元器件拆装与检修作业，使电动卷闸门恢复正常工作；自检合格后，填写维修记录；施工完成后清理现场，交付主管部门进行验收测试。在作业过程中严格遵循现场施工管理规范		
与其他学习任务的关系	在学习了“电动葫芦故障诊断与排除”“CA6140 普通车床故障诊断与排除”学习任务的基础上，进行本学习任务的学习，同时为“降压启动排烟风机故障诊断与排除”学习任务的学习奠定基础		
学生基础	学生在完成低压控制设备安装与维护一体化课程学习的基础上，对熔断器、低压开关、按钮、接触器等有了初步了解，对线路的安装、调试等有一定理解，同时对使用仪表进行检测、检修有一定基础，并具有一定的团队协作意识、沟通能力和查阅资料能力		
学习目标	1. 能通过设备维修任务单，明确工作内容及工期要求，勘察现场，与客户、设备操作人员等进行有效沟通，了解故障现象，准确获取任务信息 2. 能查阅设备出厂资料和维修档案，识读电动卷闸门电气原理图，熟悉其功能、电力拖动特点和控制要求 3. 能结合电动卷闸门电气控制线路原理图，运用逻辑分析法等方法分析故障范围 4. 能根据任务需要确定人员分工，列举所需仪表、资料、材料、器材，明确工作安排和安全防护措施，合理制订工作计划并呈报 5. 能按电业安全工作规程、工艺要求和场地情况，运用适当的方法综合分析故障状况，完成故障诊断与排除 6. 能按相关技术指标使用仪表对恢复正常的设备进行检测，完成运行测试工作 7. 能遵循健康和安全标准，遵循规章制度和安全生产程序，设置安全措施、使用适当的个人防护用品；能合理规划工作区域，最大限度地提高效率并保持工作区域的环境卫生 8. 能规范填写设备维修任务单，交付验收，并归纳总结各类故障状态下电气控制线路维修方法和要点 9. 能以小组形式，对学习过程和实训成果进行汇报总结，完成对学习过程的综合评价		

续表

学习内容	1. 电气原理图的识读 2. 低压电气控制设备的调试及故障现象的勘察方法 3. 低压电气控制设备故障范围的分析方法 4. 低压电气控制设备维修计划表的填写 5. 电气故障检修 6. 元器件拆装 7. 故障点的确认及排除方法 8. 低压电气控制设备带电检测的安全防护与监护 9. 低压电气控制设备空载及带载调试 10. 仪表的使用 11. 低压电气控制设备安全测试
教学条件	1. 教学场地 电气线路维修一体化学习工作站须具备良好的安全、照明和通风条件，可分为集中教学区、分组教学区、信息检索区、工具存放区、工作区和成果展示区，并配备相应的多媒体教学设备和电控柜等设施。面积至少同时容纳 35 人开展教学活动为宜 2. 工具、材料、设备 按组配置通用电工工具、专用维修工具以及仪器仪表、电控柜等设施设备 3. 教学资料 以工作页为主，配备教材、施工方案、图纸
教学组织形式	采用行动导向的教学模式。为确保教学安全，提高教学效果，建议采用分组教学的形式（3 ~ 4 人 / 组）；在完成学习任务的过程中，教师须加强示范与指导，强调规范操作，注重提高学生的职业素养
教学流程与活动	1. 明确工作任务（6 学时） 2. 施工前的准备（12 学时） 3. 现场施工（18 学时） 4. 工作总结与评价（4 学时）
评价内容与标准	1. 过程性考核 采用自我评价、小组评价和教师评价相结合的方式进行考核；让学生学会自我评价，教师要善于观察学生的学习过程，进行记录，结合、参照学生的自我评价、小组评价进行总评并提出改进建议 （1）课堂考核：出勤、学习态度、课堂纪律、小组合作与展示等情况 （2）作业考核：工作页的完成、课后练习等情况 （3）过程化考核：纸笔测试、工作过程记录、口述表达测试 2. 终结性考核 学生根据工作情境中的要求，阅读维修任务单，明确任务要求，制订维修计划，确定工作任务流程，并按照相关规范和要求，在规定时间内完成电气线路的故障诊断、元器件拆装与检修作业，使维修后的设备能恢复正常工作

附录 6　电动卷闸门故障诊断与排除教学活动策划表

教学活动	关键能力	学生学习活动	教师活动	学习内容	资源	评价点	学时	地点
学习活动 1：明确工作任务	1. 阅读能力 2. 理解能力 3. 查阅资料能力	1. 任务单的阅读 2. 设备现场的勘察 3. 图纸的识读，设备出厂资料和维修档案的查阅	1. 指导学生阅读任务单，判断学生是否明确任务要求 2. 指导学生进行设备现场的勘察（电动卷闸门控制线路的构造、工作方式、运动形式等） 3. 指导学生对图纸的识读，设备出厂资料和维修档案的查阅	1. 电动卷闸门电气控制线路原理图的识读 2. 低压电气控制设备的调试及故障现象的勘察方法	1. 任务单 2. 设备出厂资料和维修档案	1. 能读懂任务单，明确任务的工期、内容、质量、安全等要求 2. 能勘察现场，与设备操作人员进行有效沟通，了解故障现象，明确任务目标和工作要求 3. 能识读图纸，获取、查阅设备出厂资料和维修档案，熟悉设备的控制功能和性能指标	6	一体化学习工作站
学习活动 2：施工前的准备	1. 制订工作计划能力 2. 理解、分析能力 3. 交流沟通能力	1. 识读电气原理图 2. 案例分析（用逻辑分析法判断故障范围） 3. 制订计划、呈报计划	1. 指导学生识读电气原理图，判断学生是否明确控制原理 2. 通过案例分析，指导学生通过逻辑分析法来判断故障的范围 3. 指导学生制订工作计划，准备工具和材料	1. 低压电气控制设备故障范围分析方法 2. 低压电气控制设备维修计划表的填写	1. 电工工具 2. 元器件（热继电器） 3. 控制板	1. 能根据电气原理图，分析故障范围，编制维修计划及工具、仪器仪表清单 2. 能表述维修计划，呈报维修工具和仪器仪表清单	12	一体化学习工作站

续表

教学活动	关键能力	学生学习活动	教师活动	学习内容	资源	评价点	学时	地点
学习活动3：现场施工	1. 使用工具能力 2. 拆装能力 3. 设置安全措施的能力 4. 检查能力 5. 测试能力 6. 评价能力	1. 设置安全措施 2. 排除线路故障 3. 自检、互检和试车 4. 工程验收 5. 其他故障分析与练习 6. 评价	1. 指导学生设置安全措施，检查实用性 2. 指导学生排除线路故障 3. 指导组织学生自检、互检和试车 4. 指导学生对维修完成的设备进行验收 5. 指导学生对设备常见故障进行分析与维修练习 6. 指导学生对自己或他人的施工过程进行客观评价	1. 电气故障检修 2. 元器件拆装 3. 故障点的确认及排除方法 4. 低压电气控制设备带电检测的安全防护与监护 5. 低压电气控制设备空载及带载调试 6. 仪表的使用：万用表、钳形电流表 7. 低压电气控制设备安全测试	1. 电业安全操作规程 2. 电工手册 3. 电气安装维修施工规范	1. 能按电业安全工作规程、工艺要求和场地情况，运用适当的方法综合分析故障状况，完成故障诊断和排除 2. 能按相关的技术指标使用仪表对恢复正常的设备进行检测，完成运行测试工作 3. 能遵循健康和安全标准，遵循规章制度和安全生产程序，设置安全措施、使用适当的个人防护用品；合理规划工作区域，最大限度地提高效率并保持工作区域的环境卫生	18	一体化学习工作站
学习活动4：工作总结与评价	1. 沟通能力 2. 语言表达能力 3. 自我展示能力 4. 综合评价能力	1. 经验交流 2. 成果展示 3. 综合评价	1. 指导组织学生进行经验交流 2. 指导学生开展多种形式的成果展示 3. 指导学生进行综合评价，最后客观地给出每个人的评价成绩	1. 能规范填写设备维修任务单，交付验收，并归纳总结各类故障状态下电气控制线路维修方法和要点 2. 能以小组形式对学习过程和实训成果进行汇报总结，完成对学习过程的综合评价	综合评价表	1. 能正确填写维修记录表，执行安全操作规程、施工现场管理规定及“8S”管理规定 2. 能在规定的时间内完成工作页，并经班组长确认，交付验收 3. 能与他人合作，具有良好的沟通能力和团队精神	4	一体化学习工作站

附录 7　降压启动排烟风机故障诊断与排除学习任务设计方案

专业名称	电气自动化设备安装与维修	一体化课程名称	低压电气控制设备故障诊断与排除
学习任务四	降压启动排烟风机故障诊断与排除	授课时数	40 学时
工作情境描述	某工厂生产车间的排烟风机使用中出现故障，故障现象为通电后可正常启动，但启动完成后即停机，不能正常工作。经初步了解和检查，该排烟风机采用降压启动方式运行，判断为电气控制线路故障。现该项维修任务交由维修班完成，需电气维修人员通过现场勘察，熟悉排烟风机的相关技术资料，理解降压启动控制线路的工作原理，准确判断故障原因，并使用正确的方法及时排除故障，使其能正常启动运行，保障车间正常开展工作		
学习任务描述	学生从教师处领取维修任务单，通过阅读维修任务单，明确任务要求，查阅相关资料和手册，制订维修计划，确定工作任务流程及技术标准，在规定的工期内完成降压启动排烟风机控制线路故障诊断、元器件拆装与检修作业，使降压启动排烟风机恢复正常工作；自检合格后，填写维修记录；施工完成后清理现场，交付主管部门进行验收测试，在作业过程中严格遵循现场施工管理规范		
与其他学习任务的关系	在学习了“电动葫芦故障诊断与排除”“CA6140 普通车床故障诊断与排除”“电动卷闸门故障诊断与排除”学习任务的基础上，进行本学习任务的学习，同时为“M7130 平面磨床故障诊断与排除”学习任务的学习奠定基础		
学生基础	学生在完成低压电气控制设备安装与维护一体化课程学习的基础上，对熔断器、低压开关、按钮、接触器等有了初步了解，对线路的安装、调试等有一定理解，同时对使用仪表进行检测、检修有一定基础，并具有一定的团队协作意识、沟通能力和查阅资料能力		
学习目标	1. 能通过设备维修任务单，明确工作内容及工期要求，勘察现场，与客户、设备操作人员等进行有效沟通，了解故障现象，准确获取任务信息 2. 能查阅设备出厂资料和维修档案，识读降压启动排烟风机电气原理图，熟悉其功能、电力拖动特点和控制要求 3. 能结合降压启动排烟风机电气控制线路原理图，运用逻辑分析法等方法分析故障范围 4. 能根据任务需要确定人员分工，列举所需仪表、资料、材料、器材，明确工作安排和安全防护措施，合理制订工作计划并呈报 5. 能按电业安全工作规程、工艺要求和场地情况，运用适当的方法综合分析故障状况，完成故障诊断与排除 6. 能按相关技术指标使用仪表对恢复正常的设备进行检测，完成运行测试工作 7. 能遵循健康和安全标准，遵循规章制度和安全生产程序，设置安全措施、使用适当的个人防护用品；能合理规划工作区域，最大限度地提高效率并保持工作区域的环境卫生 8. 能规范填写设备维修任务单，交付验收，并归纳总结各类故障状态下电气控制线路维修方法和要点 9. 能以小组形式，对学习过程和实训成果进行汇报总结，完成对学习过程的综合评价		

续表

学习内容	1. 电气原理图的识读 2. 低压电气控制设备的调试及故障现象的勘察方法 3. 低压电气控制设备故障范围的分析方法 4. 低压电气控制设备维修计划表的填写 5. 电气故障检修 6. 元器件拆装 7. 故障点的确认及排除方法 8. 低压电气控制设备带电检测的安全防护与监护 9. 低压电气控制设备空载及带载调试 10. 仪表的使用 11. 低压电气控制设备安全测试
教学条件	1. 教学场地 电气线路维修一体化学习工作站须具备良好的安全、照明和通风条件，可分为集中教学区、分组教学区、信息检索区、工具存放区、工作区和成果展示区，并配备相应的多媒体教学设备和电控柜等设施。面积至少同时容纳 35 人开展教学活动为宜 2. 工具、材料、设备 按组配置通用电工工具、专用维修工具以及仪器仪表、电控柜等设施设备 3. 教学资料 以工作页为主，配备教材、施工方案、图纸
教学组织形式	采用行动导向的教学模式。为确保教学安全、提高教学效果，建议采用分组教学的形式（3 ~ 4 人 / 组）；在完成学习任务的过程中，教师须加强示范与指导，强调规范操作，注重提高学生的职业素养
教学流程与活动	1. 明确工作任务（6 学时） 2. 施工前的准备（12 学时） 3. 现场施工（18 学时） 4. 工作总结与评价（4 学时）
评价内容与标准	1. 过程性考核 采用自我评价、小组评价和教师评价相结合的方式进行考核；让学生学会自我评价，教师要善于观察学生的学习过程，进行记录，结合、参照学生的自我评价、小组评价进行总评并提出改进建议 （1）课堂考核：出勤、学习态度、课堂纪律、小组合作与展示等情况 （2）作业考核：工作页的完成、课后练习等情况 （3）过程化考核：纸笔测试、工作过程记录、口述表达测试 2. 终结性考核 学生根据工作情境中的要求，阅读维修任务单，明确任务要求，制订维修计划，确定工作任务流程，并按照相关规范和要求，在规定时间内完成电气线路的故障诊断、元器件拆装与检修作业，使维修后的设备能恢复正常工作

附录 8 降压启动排烟风机故障诊断与排除教学活动策划表

教学活动	关键能力	学生学习活动	教师活动	学习内容	资源	评价点	学时	地点
学习活动 1：明确工作任务	1. 阅读能力 2. 理解能力 3. 查阅资料能力	1. 任务单的阅读 2. 设备现场的勘察 3. 图纸的识读，设备出厂资料和维修档案的查阅	1. 指导学生阅读任务单，判断学生是否明确任务要求 2. 指导学生进行设备现场的勘察（排风扇控制线路的构造、工作方式、运动形式等） 3. 指导学生对图纸的识读，设备出厂资料和维修档案的查阅	1. 降压启动排烟风机电气控制线路原理图的识读 2. 低压电气控制设备的调试及故障现象的勘察方法	1. 任务单 2. 设备出厂资料和维修档案	1. 能读懂任务单，明确任务的工期、内容、质量、安全等要求 2. 能勘察现场，与设备操作人员进行有效沟通，了解故障现象，明确任务目标和工作要求 3. 能识读图纸，获取、查阅设备出厂资料和维修档案，熟悉设备的控制功能和性能指标	6	一体化学习工作站
学习活动 2：施工前的准备	1. 制订工作计划能力 2. 理解、分析能力 3. 交流沟通能力	1. 识读电气原理图 2. 案例分析（用逻辑分析法判断故障范围） 3. 制订计划、呈报计划	1. 指导学生识读电气原理图，判断学生是否明确控制原理 2. 通过案例分析，指导学生通过逻辑分析法来判断故障的范围 3. 指导学生制订工作计划，准备工具和材料	1. 低压电气控制设备故障范围分析方法 2. 低压电气控制设备维修计划表的填写	1. 电工工具 2. 元器件（热继电器） 3. 控制板	1. 能根据电气原理图，分析故障范围，编制维修计划及工具、仪器仪表清单 2. 能表述维修计划，呈报维修工具和仪器仪表清单	12	一体化学习工作站

续表

教学活动	关键能力	学生学习活动	教师活动	学习内容	资源	评价点	学时	地点
学习活动3：现场施工	1. 使用工具能力 2. 拆装能力 3. 设置安全措施的能力 4. 检查能力 5. 测试能力 6. 评价能力	1. 设置安全措施 2. 排除线路故障 3. 自检、互检和试车 4. 工程验收 5. 其他故障分析与练习 6. 评价	1. 指导学生设置安全措施，检查实用性 2. 指导学生排除线路故障 3. 指导组织学生自检、互检和试车 4. 指导学生对维修完成的设备进行验收 5. 指导学生对设备常见故障进行分析与维修练习 6. 指导学生对自己或他人的施工过程进行客观评价	1. 电气故障检修 2. 元器件拆装 3. 故障点的确认及排除方法 4. 低压电气控制设备带电检测的安全防护与监护 5. 低压电气控制设备空载及带载调试 6. 仪表的使用：万用表、钳形电流表等 7. 低压电气控制设备安全测试	1. 电业安全操作规程 2. 电工手册 3. 电气安装维修施工规范	1. 能按电业安全工作规程、工艺要求和场地情况，运用适当的方法综合分析故障状况，完成故障诊断和排除 2. 能按相关技术指标使用仪表对恢复正常的设备进行检测，完成运行测试工作 3. 能遵循健康和安全标准，遵循规章制度和安全生产程序，设置安全措施、使用适当的个人防护用品；合理规划工作区域，最大限度地提高效率并保持工作区域的环境卫生	18	一体化学习工作站
学习活动4：工作总结与评价	1. 沟通能力 2. 语言表达能力 3. 自我展示能力 4. 综合评价能力	1. 经验交流 2. 成果展示 3. 综合评价	1. 指导组织学生进行经验交流 2. 指导学生开展多种形式的成果展示 3. 指导学生进行综合评价，最后客观地给出每个人的评价成绩	1. 能规范填写设备维修任务单，交付验收，并归纳总结各类故障状态下电气控制线路维修方法和要点 2. 能以小组形式对学习过程和实训成果进行汇报总结，完成对学习过程的综合评价	综合评价表	1. 能正确填写维修记录表，执行安全操作规程、施工现场管理规定及“8S”管理规定 2. 能在规定的时间内完成工作页，并经班组长确认，交付验收 3. 能与他人合作，具有良好的沟通能力和团队精神	4	一体化学习工作站

附录 9　M7130 平面磨床故障诊断与排除学习任务设计方案

专业名称	电气自动化设备安装与维修	一体化课程名称	低压电气控制设备故障诊断与排除
学习任务五	M7130 平面磨床故障诊断与排除	授课时数	40 学时
工作情境描述	某加工厂生产车间的一台 M7130 平面磨床在使用中出现电磁吸盘故障，其吸力不足。经初步检查，判断为电气控制线路故障。现该项维修任务交由维修班完成，需电气维修人员通过现场勘察，熟悉 M7130 平面磨床电气控制线路的工作原理，结合电气原理图、布置图、接线图等技术资料准确判断故障原因并使用正确的方法及时排除故障，使其正常运转		
学习任务描述	学生从教师处领取维修任务单，通过阅读维修任务单，明确任务要求，查阅相关资料和手册，制订维修计划，确定工作任务流程及技术标准，在规定的工期内完成 M7130 平面磨床控制线路故障诊断、元器件拆装与检修作业，使 M7130 平面磨床恢复正常工作；自检合格后，填写维修记录；施工完成后清理现场，交付主管部门进行验收测试，在作业过程中严格遵循现场施工管理规范		
与其他学习任务的关系	在学习了“CA6140 普通车床故障诊断与排除”“电动卷闸门故障诊断与排除”“降压启动排烟风机故障诊断与排除”的基础上，进行本学习任务的学习		
学生基础	学生在完成低压电气控制设备安装与维护一体化课程学习的基础上，对熔断器、低压开关、按钮、接触器等有了初步了解，对线路的安装、调试等有一定理解，同时对使用仪表进行检测、检修有一定基础，并具有一定的团队协作意识、沟通能力和查阅资料能力		
学习目标	1. 能通过设备维修任务单，明确工作内容及工期要求，勘察现场，与客户、设备操作人员等进行有效沟通，了解故障现象，准确获取任务信息 2. 能查阅设备出厂资料和维修档案，识读 M7130 平面磨床电气原理图，熟悉其结构、功能、主要运动形式和控制要求 3. 能结合 M7130 平面磨床电气控制线路原理图，运用逻辑分析法等方法分析故障范围 4. 能根据任务需要确定人员分工，列举所需仪表、资料、材料、器材，明确工作安排和安全防护措施，合理制订工作计划并呈报 5. 能按电业安全工作规程、工艺要求和场地情况，运用适当的方法综合分析故障状况，完成故障诊断与排除 6. 能按相关技术指标使用仪表对恢复正常的设备进行检测，完成运行测试工作 7. 能遵循健康和安全标准，遵循规章制度和安全生产程序，设置安全措施、使用适当的个人防护用品；能合理规划工作区域，最大限度地提高效率并保持工作区域的环境卫生 8. 能规范填写设备维修任务单，交付验收，并归纳总结各类故障状态下电气控制线路维修方法和要点 9. 能以小组形式，对学习过程和实训成果进行汇报总结，完成对学习过程的综合评价		

续表

学习内容	1. 电气原理图的识读 2. 低压电气控制设备的调试及故障现象的勘察方法 3. 低压电气控制设备故障范围的分析方法 4. 低压电气控制设备维修计划表的填写 5. 电气故障检修 6. 元器件拆装 7. 故障点的确认及排除方法 8. 低压电气控制设备带电检测的安全防护与监护 9. 低压电气控制设备空载及带载调试 10. 仪表的使用 11. 低压电气控制设备安全测试
教学条件	1. 教学场地 电气线路维修一体化学习工作站须具备良好的安全、照明和通风条件，可分为集中教学区、分组教学区、信息检索区、工具存放区、工作区和成果展示区，并配备相应的多媒体教学设备和电控柜等设施。面积至少同时容纳 35 人开展教学活动为宜 2. 工具、材料、设备 按组配置通用电工工具、专用维修工具以及仪器仪表、电控柜等设施设备 3. 教学资料 以工作页为主，配备教材、施工方案、图纸
教学组织形式	采用行动导向的教学模式。为确保教学安全，提高教学效果，建议采用分组教学的形式（3 ~ 4 人 / 组）；在完成学习任务的过程中，教师须加强示范与指导，强调规范操作，注重提高学生的职业素养
教学流程与活动	1. 明确工作任务（6 学时） 2. 施工前的准备（12 学时） 3. 现场施工（18 学时） 4. 工作总结与评价（4 学时）
评价内容与标准	1. 过程性考核 采用自我评价、小组评价和教师评价相结合的方式进行考核；让学生学会自我评价，教师要善于观察学生的学习过程，进行记录，结合、参照学生的自我评价、小组评价进行总评并提出改进建议 （1）课堂考核：出勤、学习态度、课堂纪律、小组合作与展示等情况 （2）作业考核：工作页的完成、课后练习等情况 （3）过程化考核：纸笔测试、工作过程记录、口述表达测试 2. 终结性考核 学生根据工作情境中的要求，阅读维修任务单，明确任务要求，制订维修计划，确定工作任务流程，并按照相关规范和要求，在规定时间内完成电气线路的故障诊断、元器件拆装与检修作业，使维修后的设备能恢复正常工作

附录 10　M7130 平面磨床故障诊断与排除教学活动策划表

教学活动	关键能力	学生学习活动	教师活动	学习内容	资源	评价点	学时	地点
学习活动 1：明确工作任务	1. 阅读能力 2. 理解能力 3. 查阅资料能力	1. 任务单的阅读 2. 设备现场的勘察 3. 图纸的识读，设备出厂资料和维修档案的查阅	1. 指导学生读任务单，判断学生是否明确任务要求 2. 指导学生进行设备现场的勘察（M7130 平面磨床线路的构造、工作方式、运动形式等） 3. 指导学生对图纸的识读，设备出厂资料和维修档案的查阅	1. M7130 平面磨床控制线路原理图的识读 2. 低压电气控制设备的调试及故障现象的勘察方法	1. 任务单 2. 设备出厂资料和维修档案	1. 能读懂任务单，明确任务的工期、内容、质量、安全等要求 2. 能勘察现场，与设备操作人员进行有效沟通，了解故障现象，明确任务目标和工作要求 3. 能识读图纸，获取、查阅设备出厂资料和维修档案，熟悉设备的控制功能和性能指标	6	一体化学习工作站
学习活动 2：施工前的准备	1. 制订工作计划能力 2. 理解、分析能力 3. 交流沟通能力	1. 识读电气原理图 2. 案例分析（用逻辑分析法判断故障范围） 3. 制订计划、呈报计划	1. 指导学生识读电气原理图，判断学生是否明确控制原理 2. 通过案例分析，指导学生通过逻辑分析来判断故障的范围 3. 指导学生制订工作计划，准备工具和材料	1. 低压电气控制设备故障范围分析方法 2. 低压电气控制设备维修计划表的填写	1. 电工工具 2. 元器件（热继电器） 3. 控制板	1. 能根据电气原理图，分析故障范围，编制维修计划及工具、仪器仪表清单 2. 能表述维修计划，呈报维修工具和仪器仪表清单	12	一体化学习工作站

续表

教学活动	关键能力	学生学习活动	教师活动	学习内容	资源	评价点	学时	地点
学习活动3：现场施工	1. 使用工具能力 2. 拆装能力 3. 设置安全措施的能力 4. 检查能力 5. 测试能力 6. 评价能力	1. 设置安全措施 2. 排除线路故障 3. 自检、互检和试车 4. 工程验收 5. 其他故障分析与练习 6. 评价	1. 指导学生设置安全措施，检查实用性 2. 指导学生排除线路故障 3. 指导组织学生自检、互检和试车 4. 指导学生对维修完成的设备进行验收 5. 指导学生对设备常见故障进行分析与维修练习 6. 指导学生对自己或他人的施工过程进行客观评价	1. 电气故障检修 2. 元器件拆装 3. 故障点的确认及排除方法 4. 低压电气控制设备带电检测的安全防护与监护 5. 低压电气控制设备空载及带载调试 6. 仪表的使用：万用表、钳形电流表等 7. 低压电气控制设备安全测试	1. 电业安全操作规程 2. 电工手册 3. 电气安装维修施工规范	1. 能按电业安全工作规程、工艺要求和场地情况，运用适当的方法综合分析故障状况，完成故障诊断和排除 2. 能按相关技术指标使用仪表对恢复正常的设备进行自检、互检，完成运行测试工作 3. 能遵循健康和安全标准，遵循规章制度和安全生产程序，设置安全措施、使用适当的个人防护用品；合理规划工作区域，最大限度地提高效率并保持工作区域的环境卫生	18	一体化学习工作站
学习活动4：工作总结与评价	1. 沟通能力 2. 语言表达能力 3. 自我展示能力 4. 综合评价能力	1. 经验交流 2. 成果展示 3. 综合评价	1. 指导组织学生进行经验交流 2. 指导学生开展多种形式的成果展示 3. 指导学生进行综合评价，最后客观地给出每个人的评价成绩	1. 能规范填写设备维修任务单，交付验收，并归纳总结各类故障状态下电气控制线路维修方法和要点 2. 能以小组形式对学习过程和实训成果进行汇报总结，完成对学习过程的综合评价	综合评价表	1. 能正确填写维修记录表，执行安全操作规程、施工现场管理规定及“8S”管理规定 2. 能在规定的时间内完成工作页，并经班组长确认，交付验收 3. 能与他人合作，具有良好的沟通能力和团队精神	4	一体化学习工作站